Mirjam Müntefering | Rita Huber | Hubertus Busch

Mit Kind und Köter

Mirjam Müntefering | Rita Huber | Hubertus Busch

Mit Kind und Köter

Müller
Rüschlikon

Einbandgestaltung: Kornelia Erlewein

Titelbild: Hubertus Busch

Franz-Heinrich Busch jr.: S. 135, 140 rechts; Hubertus Busch: S. 5, 9, 10, 11, 12, 13, 14 unten, 16, 18, 21, 22, 23, 24, 26, 28, 30, 31, 34, 36, 37, 38, 39, 40, 41, 42, 44 oben, 45, 46, 47, 48, 49, 50, 51, 52, 54, 55, 56, 57, 59, 60, 61, 63, 64, 66, 67, 68, 69, 75, 76, 77, 78, 79, 80, 81, 82, 83, 85, 86, 87, 88, 89, 90, 91, 92, 93, 94, 95, 96, 97, 98, 99, 100, 101, 103, 104, 105, 106, 109, 110, 111, 112, 114, 115, 116, 117, 118, 119, 121, 122, 123, 124, 125, 126, 127, 128, 129, 130, 131, 132, 133, 136, 137, 138, 139, 140 links, 141, 142, 143, 144, 145, 146, 148, 149, 150, 151, 152, 154, 155, 156; ©Viola Decker/PIXELIO: S. 58; Johanna Esser: S. 14 oben; Claudia Gieles: S. 70; ©Oliver Hoja/PIXELIO: S. 62; Anja Kiefer, www.hundeimpressionen.de: S. 20; ©Sandra Milicchio/PIXELIO: S. 65; ©Steve Prinz/PIXELIO: S. 15, 44; Stephanie Reiner: S. 32, 35 (2); Reginald Weiss: S. 19, 71, 72, 73, 157; Edith Weiss-Henseler: S. 9, 158, 159, 160; Manuela van Schewick: S. 69.

Bildbearbeitung: Reginald Weiss & Hubertus Busch

Die in diesem Buch enthaltenen Hinweise und Ratschläge beruhen auf jahrelang gemachten Erfahrungen und gesammelten Erkenntnissen in praktischer und theoretischer Arbeit mit Hunden. Alle Angaben wurden gründlich geprüft. Eine Haftung der Autorinnen, des Autors oder des Verlages und seiner Beauftragten für Personen-, Tier-, Sach- und Vermögensschäden ist ausgeschlossen.

ISBN 978-3-275-01757-7

Copyright © 2010 by Müller Rüschlikon Verlag
Postfach 103743, 70032 Stuttgart
Ein Unternehmen der Paul Pietsch Verlage GmbH & Co. KG
Lizenznehmer der Bucheli Verlags AG, Baarerstr. 43, CH-6304 Zug

1. Auflage 2010

Sie finden uns im Internet unter www.mueller-rueschlikon-verlag.de

Lektorat: Claudia König
Innengestaltung: Kerstin Diacont
Druck und Bindung: Conzella, 85608 Aschheim-Dornach
Printed in Germany

Hinweis

Manche Bilder zeigen Kinder und Hunde in Situationen, die gefährlich werden können; es liegt im Ermessen des jeweiligen Hundehalters, zu entscheiden, was mit diesem speziellen Hund und diesem speziellen Kind funktioniert und was nicht.

Vorwort der Autoren   8

Der Familienhund – was zeichnet ihn aus?   10
Meine Erwartungen an das Leben mit Hund   10
Welcher Hundetyp darf's für uns sein?   11
Jagdhunde   *11*
Hütehunde   *15*
Herdenschutzhunde   *15*
Spitzartige Hunde   *16*
Nordische Hunde   *16*
Begleithunde   *17*
Hunde haben Charakter   17
Die Kinderstube unserer Hunde   *18*
Sozialisation und Prägung – die wichtigste Zeit für meinen Hund   19

Ein Hund für mein Kind   21
Was für eine Familie sind wir?   21
Wer wünscht sich einen Hund?   23
Warum sich vor allem Kinder Hunde wünschen   24
Wie viel Verantwortung kann mein Kind tragen?   26
Hunde-Aufgaben, die mein Kind übernehmen kann   27

Der richtige Hund für unsere Familie   29
Hundetyp / Rasse   29
Erwachsene Hunde aus dem Tierheim   31
Welpen   32
Auswahlkriterien für die richtige Züchterin / den richtigen Züchter   33
Mein Hund stammt aus einer Privatfamilie   34
Ein Welpe mit Kinder-Erfahrung   34
Wie suche ich den richtigen Welpen aus?   35

Wenn der Hund schon da ist
und dann das Kind kommt ...   36
Gezielte Vorbereitungen auf das Leben mit Kind und Köter   37
Verändert mein Hund sich durch meine Schwangerschaft?   37
Nicht mehr Nummer Eins sein ...   38
Wie kann ich möglichen Problemen vorbeugen?   40
Das Kind ist da – auf was muss ich jetzt achten?   41
Kinder in unterschiedlichen Entwicklungsphasen   41

Grundlagen für ein entspanntes,
glückliches Leben mit Familienhund   43
Verhalten verstehen   43
Was heißt Rangordnung für meinen Hund?   45
Eine gute Chefin sein!   46
Wird mein Kind von meinem Hund als Chef akzeptiert?   47
Demokratie zwischen Hund und Kind   48
Wie kann ich mein Kind unterstützen?   48
Wie kann ich meinen Hund »schützen«?   49
Mein Hund erzieht mein Kind   50

Das schöne Abenteuer Kind UND Hund meistern!   52

Wie ein zweites Kind   52
Regeln aufstellen und einhalten   53
Regel: Zuwendung UND Loslassen als Freundschaftsbeweis   54
Regel: Mein Hund im Kinderbett   55
Regel: Wie viel Küsschen ist erlaubt?   55
Regel: Ignoranz einsetzen und erkennen   56
Regel: Fremde Hunde sind nicht unser Hund   56
Regel: Mein Hund ist kein Kindermädchen   57
Positive Bestärkung führt zu guter Erziehung   58
Liebevolle Konsequenz   60
Unterschiede in der Kinder- und Hundeerziehung   62
Und wenn ich Fehler mache?   63

Was Kind und Hund GEMEINSAM tun können   65

Suchspiele   66
Apportierspiele   66
Kunststückchen   68
Agility   70
Tellington TTouch – das besondere für Kind und Hund   70

Kinder und Hunde – Freunde bis zum Ende   73

Wenn der geliebte Hund stirbt   73
Die Regenbogenbrücke   74
Ein Hund daheim und einer im Herzen   75

Interviews – Aus dem Leben mit Kind und Köter   76

Interview mit Angelika Hoffmann
(drei Kinder, ein Rudel Cockerspaniels)   78
Interview mit Edda und Schwiegertochter Michaele Nestler
(drei Kinder, ein Labrador)   86
Interview mit Inis Elsen Wübbels (zwei Kinder, drei Golden Retriever)   94
Interview mit Katrin Meyer (drei Kinder, eine Mischlingshündin)   102
Interview mit Monika Aldenhoff
(zwei Kinder, eine spanische Wasserhündin)   110
Interview mit Nel Adema (drei Kinder, zwei Hamiltonstövare)   118
Interview mit Sabine Heuthe
(zwei Kinder, ein Jack Russell, zwei Mischlinge)   126
Interview mit Sarah Busch (zwei Kinder, ein Labrador)   134
Interview mit Tanja und Iris Schmitz (ein Kind, eine Mischlingshündin)   142
Interview mit Vera Giesen (zwei Kinder, zwei Pudel)   150

Epilog
Kinder und Hunde gehören zusammen   157

Autorinnen und Autor   158
mit Serviceteil

Vorwort der Autoren

Seit zehn Jahren führe ich, Mirjam Müntefering, meine Hundeschule HUNDherum fit! in Hattingen an der Ruhr und seit fünfzehn Jahren führen wir, Rita Huber und Hubertus Busch, unsere Hundeschule doglove Viersen im Rheinland.
Seit vielen Jahren also begegnen uns im täglichen Training Hunde, die in Familien leben.
Meist sind es die Mütter, die das Erziehungsprogramm mit dem Vierbeiner absolvieren – irgendwo zwischen Beruf, Haushalt, Kindergarten, Schule und Hausaufgaben, Fahrdienst für die Kinder zu Sport und Freizeit wird auch noch der Hund erzogen.

Wir haben näher hingeschaut und uns gefragt: Was sind das für starke Frauen, die neben allen anderen Verpflichtungen auch noch einem hoch sozialen Vierbeiner eine souveräne Führung bieten?
Einige von ihnen haben wir für Sie interviewt und sie nach ihrem Leben »mit Kind und Köter« befragt.

Im Sachbuchteil finden Sie Antwort auf alle Fragen, die sich automatisch stellen, wenn Sie einen Hund haben und nun ein Kind unterwegs ist oder wenn Sie Kinder haben und sich alle einen Hund wünschen.

Mit diesem Buch sollen hundebegeisterte Familien schon im Vorfeld die Gelegenheit haben, sich rundum zu informieren und die wichtigen und richtigen Gedanken zur Hundeanschaffung zu wälzen.
Ob Rasse oder Alter des Hundes, Vorbereitung der Kinder, Aufstellung von »Familienhund-Regeln« – durch »Mit Kind und Köter« sind Sie gut beraten!

Wir freuen uns, durch unsere tägliche Arbeit in unseren Hundeschulen, aber auch mit diesem speziell auf Mütter zugeschnittenen Buch dazu beitragen zu können, dass Familien-Hunde-Glück nicht selten bleibt.
Unser flapsiger Buchtitel soll Programm sein für viele Zwei- und Vierbeiner in unserem Land – »mit Kind und Köter« eben!

Mirjam Müntefering
Rita Huber
Hubertus Busch

Der Familienhund –
was zeichnet ihn aus?

Häufig ist über die eine oder andere Hunderasse zu hören: »Das ist ja ein ganz toller Familienhund!« Sofort werden Assoziationen geweckt von befellten Köpfen, die sich in Kinderhände schmiegen, lachenden Kindern, die mit ihrem vierbeinigen Freund und von ihm wohlbehütet über eine Wiese toben.
An erster Stelle wollen wir in diesem Buch mit dem verbreiteten Vorurteil aufräumen, dass es DEN perfekten Familienhund gibt. Denn nichts ist einem harmonischen Miteinander abträglicher als die Meinung, »mit dieser Rasse laufe es quasi ganz von allein«.

Meine Erwartungen
an das Leben mit Hund

Was erwarten Sie von dem Hund, der in Ihre Familie kommen soll? Dass er sich gut mit den Kindern versteht, ihnen mögliche Wildheit oder unbeherrschte Bewegungen nachsieht? Dass er nach Möglichkeit aber auch aufpasst und bellt, wenn jemand Unbefugtes den Garten betritt? Natürlich soll er auch gut erzogen sein, so dass er auf dem Weg zum Kindergarten genauso dabei sein kann wie beim »Familienurlaub auf dem Bauernhof«? (Wo er sich selbstverständlich auch mit dem ansässigen Hofhund verstehen sollte.) Er soll fröhlich und freundlich sein, aber nicht zu jedem hinrennen? Er soll sich gerne mit Ihnen gemeinsam bewegen, aber in Stresszeiten auch mal mit einem kürzeren Spaziergang zufrieden sein?
Eine Rasse, die all diese Kriterien automatisch erfüllen würde, würde sich höchster Beliebtheit erfreuen! Doch wenn Sie genau gelesen haben, stellen Sie fest, dass einige der Kriterien Widersprüche in sich bergen:
Ein Hund, der aufpasst, lässt vielleicht auch die Freunde Ihrer Kinder nicht ins Haus. Keine einzige der über 400 verzeichneten Hunderassen lautet auf »Familienhund«.

Aus diesem gewaltigen Angebot herauszufinden, welche Rasse sich besonders für Ihre Familie eignet, hängt nicht nur vom Tier, sondern auch von Ihrer speziellen Familie ab.

Wir wollen Ihnen die Auswahl etwas erleichtern:

Welcher Hundetyp darf's für uns sein?

Jeder »Familienhund« gehört einer Rasse an, die ehemals eine ganz spezielle Aufgabe zu erfüllen hatte. Nur der Australian-Shepherd-Rüde, der konzentriert und unnachgiebig die Rinder trieb, nur die Setterhündin, die dem Jäger jedes Wild anzeigte und somit entsprechende Wildschärfe mitbrachte, wurden zur Weiterzucht in ihrer Rasse eingesetzt. Es war sinnvoll, nur mit den Elterntieren weiter zu züchten, die ihren Job richtig gut machten. Und so war ihr Nachwuchs meist noch besser in der Verrichtung dieser ganz speziellen Arbeit, für die die Rasse vorgesehen war. Viele Hunderassen sind Spezialisten. Wir als ihre Halter sollten uns schon vor der Anschaffung genau überlegen, wie ihr herbeiselektiertes Verhalten sich auf unser Familienleben auswirken könnte.

Wir möchten hier keine Rassen nennen, Ihnen jedoch kurz umreißen, welche Hundetypen es gibt. Haben Sie eine oder zwei Rassen in die nähere Auswahl genommen, sollten Sie unbedingt erfragen, welchem Hundetyp sie angehören. So können Sie herausfinden, ob die Rasse, die Sie optisch so sehr anspricht, tatsächlich die beste Wahl für IHRE Familie ist.

Hier die Hundetypen und was Sie von ihnen erwarten können:

Jagdhunde

Die Jagdhunde machen einen großen Teil der Hunderassen aus und sind in sich noch mehrfach unterteilt. Da diese Rassen unterschiedliche Ansprüche an ihre Halter stellen und oft ganz unterschiedliches Verhalten zeigen, haben wir eine kleine Aufteilung vorgenommen in:

Vorsteh-/Stöber-/Apportier-Hunde

sind Jagdhunde, die in der Regel eng mit dem Menschen (Jäger) zusammenarbeiten sollen. Gehen sie tatsächlich mit auf die Jagd, ist es ihre Aufgabe, das Wild aufzustöbern, es dem Jäger anzuzeigen (durch ihr

»Vorstehen«) und es nach dem Schuss zum Jäger zu bringen (Apportieren). Diese Rassen zeichnen sich durch ein meist weiches Wesen aus und die Bereitschaft, mit ihren Haltern zu kooperieren. Sie lassen sich tatsächlich recht leicht erziehen, was aber auf keinen Fall bedeutet, dass das »wie von selbst« geschieht. Ein unerzogener und nicht ausgelasteter Cockerspaniel beispielsweise kann zum Familientyrann und Hobbyjäger werden. Wobei Hunde nicht nur Kaninchen und Rehe zu Wild zählen, sondern selbstverständlich auch alle Arten von Vögeln und Katzen. Diese Rassen bringen ein erhöhtes Interesse an Wildspuren mit, das bereits in der Welpenzeit fachkundig umgelenkt werden muss.

Sie haben sich in eine Vorsteh-/Stöber- und Apportierhunde-Rasse verguckt und fragen sich, ob Ihr »Traumhund« als Familienhund geeignet ist? Dann lesen Sie vor allem den ersten Teil der Antwort mehrfach und gründlich: Bei sehr guter Grunderziehung und artgerechter Auslastung integrieren sich viele dieser Rassen gut in Familien. Übrigens: Golden und Labrador Retriever, die vielfach als »reine Familienhunde« angepriesen werden, gehören ebenfalls in diese Kategorie und müssen entsprechend ihrem Temperament und ihrem Arbeitswillen auch beschäftigt werden.

Aus dem Alltag der Trainerinnen

Rita: Mir ist vor fünf Jahren mein Golden Retriever »Leon« im Tierheim begegnet, er wurde mit vier Monaten ausgesetzt und sein Verhalten erzählte mehr über seine Herkunft, als Worte es gekonnt hätten. Er beanspruchte alles, was auf dem Boden lag, für sich, Papiertaschentücher, Blätter, Stöckchen, Futter … die Aufzählung könnte lang werden. Seinen Anspruch machte er mit heftigem Beißen klar. Er hatte bis dahin absolut noch keine Beißhemmung und schon gar nicht das weiche Maul, welches man der Rasse nachsagt! Bei den ersten Spaziergängen zeigte er großes Interesse, wenn wir Mütter mit kleinen Kindern sahen – dann rannte er weg von mir dorthin und nichts konnte ihn motivieren, zu mir zurückzukommen. Er kannte offenbar Kinder und mochte sie.

Vor meinem inneren Auge sah ich, was er wahrscheinlich erlebt hat: wie er mit Kindern durch die Wohnung tobt und Spielsachen im Maul trägt. Die Kinder rennen ihm nach, wollen ihm die Sachen abnehmen, doch er schafft es, sie mit Zähnen zu verteidigen, er hat Erfolg! Das macht ihn immer sicherer, dass Beißen ein guter Weg ist, alles behalten zu können, was Hund will! Seine Welpenzeit endete wahrscheinlich deswegen im Tierheim.

So was muss nicht sein. Der Golden Retriever ist als Apportierhund gezüchtet worden, es liegt ihm im Blut, Dinge zu tragen. Frühzeitiges Arbeiten mit diesem Talent hätte es von Anfang an in die richtige Bahn lenken können! (Nicht anders als bei unseren Kindern.) Talente müssen erkannt und gefördert werden.

Dies war nun meine Aufgabe, sie war nicht einfach und die ersten Wochen waren sogar sehr hart. In einem Drahtseilakt zwischen Grenzen setzen, Abgeben üben und Apportieren lernen entwickelte er sich schließlich zu einem tollen Hund. Er liebt auch heute noch Kinder und besucht als Lehrer für richtiges Verhalten gegenüber Hunden mit mir Schulklassen. Er therapiert ängstliche Kinder, findet verlorene Handys meiner Freunde, begleitet mich als Schulhund in meiner Hundeschule und ist begeisterter »dogdancer«. Kurz: Ein Arbeitshund!

Terrier/Dackel

Terrier und Dackel gehören auch zu den Jagdhunden, arbeiten jedoch wesentlich selbstständiger. Sind sie mit einem Jäger unterwegs und in ihrem Job ausgebildet, ist es ihre Aufgabe, beispielsweise Füchse oder Dachse aus den Bauter zu treiben. Daher auch die sprechenden Namen »Dachshund« oder »Erdhund«. Diese Rassen sind zwar gemäß ihrer Aufgabe mit nur geringer Körpergröße ausgestattet, doch im Bau unter der Erde sind sie vollkommen auf sich allein gestellt. Erfolgreiche Hunde müssen also mutig und eigenständig sein. Sie übertreffen viele der großen Jagdhunderassen an Schneid und

Talente erkennen und fördern

Hunde müssen gemäß ihrem Talent und Arbeitswillen sinnvoll beschäftigt werden.

Jagdhunde

sind oft eigenständig und ihr Interesse an Wild muss früh umgeleitet werden.

Eigenständigkeit. Na gut, man könnte es auch »Frechheit« und »Dickköpfigkeit« nennen, denn die sind für diese Rassen sprichwörtlich. Ihre Schlauheit, den eigenen Willen durchzusetzen, hat schon so manchen Ersthundebesitzer, der sich mit einem »kleinen niedlichen Hund« auf der sicheren Seite glaubte, zur Verzweiflung getrieben. Größe sagt nämlich überhaupt nichts über die Familientauglichkeit einer Rasse aus.

Und somit wären wir auch bei der Frage, ob Terrier und Dackel als Familienhunde geeignet sind. Hier gibt es eine deutliche Antwort: Eine sehr gute Grunderziehung ist bei diesen Rassen dringend notwendig! Hundeschule und Konsequenz gehören ins Gepäck! Und lassen Sie sich bloß nicht von der geringen Körpergröße täuschen! Einige Terrierrassen sind nämlich nicht als Familienhunde zu empfehlen.

Windhunde

Windhunde sind Sichtjäger und auf das Hetzen spezialisiert. Wenn Sie sich in eine Windhunderasse verliebt haben, gehen Sie am besten einmal zu einem Hunderennen und schauen sich an, was diese Hunde im Ernstfall drauf haben.

Leider halten viele Windhundebesitzer ihre Hunde für weniger schlau als sie sind. Entgegen einem landläufigen Vorurteil sind Windhunde nicht dumm, sondern äußerst sensible und sehr intelligente Hunde. Menschen, die einen ruhigen, eleganten und anhänglichen Begleiter suchen, sind mit Windhunden bestens bedient. Ob im Grünen, in der Stadt, im Büro oder zuhause, Windhunde sind ruhig und unaufdringlich, gepaart mit einer unnachahmlichen Würde.

Man sagt diesen Rassen nach, dass sie von Grundgehorsam wenig halten und lieber ihren eigenen Interessen nachgehen – dem Rennen! Haben sie Sichtkontakt zu Wild, sind sie kaum zu halten, können daher nur in Ausnahmefällen den Freilauf genießen.

Dennoch sind sie recht gut erziehbar, reagieren aber äußerst sensibel auf Erziehungsfehler. Entsprechend ihrem sensiblen Wesen sind viele von ihnen sehr verschmust und anlehnungsbedürftig.

Laufhunde

Als Laufhunde werden Jagdhunde bezeichnet, die meist als Meute das Wild weite Strecken verfolgen – entweder über Nasenarbeit oder als Sichtjäger.

So schön wie sie auf den Betrachter wirken, so wenig einfach ist ihre Haltung. Sie sind es gewöhnt, fast ohne menschliche Einwirkung das Wild zu verfolgen und zu stellen. Die zugehörigen Menschen folgen zu Pferde und erst am Ende der Jagd werden die Hunde durch ein Jagdhorn zurückgerufen. Wie bei den eingezüchteten Windhunden ist auch für den Laufhund das größte Interesse das Laufen, egal ob auf der Jagd oder beim Spielen.

Meutehunde sind meist äußerst sozial im Umgang mit anderen Hunden, dennoch ist ihnen der Kontakt zum Menschen wichtig. Als Familien- und Begleithunde sind sie nur dann geeignet, wenn man ihren Bedürfnissen gerecht wird und sie konsequent erzieht. Sofortiges und exaktes Ausführen aller Befehle ist nicht ihr Ding. Wenn Sie für Ihre Familie einen sehr gehorsamen Hund suchen, sollten Sie sich nicht auf diese Rassen versteifen.

Bis hierher haben wir über Jagdhunde gesprochen. Nun folgen andere Spezialisten:

Hütehunde

Hütehunde sind leichte, agile Hunde, die ihre Energie beim Treiben und Hüten von Schaf- oder Rinderherden wunderbar einsetzen können. Um diese Arbeit ausführen zu können, müssen sie eine hohe Leistungsbereitschaft mitbringen – das heißt, ihr Anspruch an Auslastung ist sehr hoch. Sie brauchen viel Auslauf genauso wie Beschäftigung für den Kopf – und das macht die meisten Hütehundrassen zu einem Vollzeithobby. Das Hüten ist aus einer Sequenz des Jagens selektiert worden. Dementsprechend sind Hütehunde oft auch passionierte »Jäger« von allen beweglichen Objekten: Kaninchen, Autos, Jogger ... Auch die Kinder der eigenen Familie werden gerne mal »gehütet«. Hierbei sollte man wissen, dass Schafe von den Hunden nicht zimperlich behandelt werden. Und das kann dann auch für die Kinder gelten.

Für eine aktive Familie, in der die Eltern ausreichend Zeit haben, um sich neben den Kindern auch um einen anspruchsvollen Hund zu kümmern, sind Hütehunde durchaus geeignet. Einige Hütehundrassen sind jedoch derart nervös, dass sie mit lebhaften Kindern schlecht harmonieren.

Herdenschutzhunde

Herdenschutzhunde treiben die Herden nicht, sondern leben in ihnen, als seien sie selbst Schafe. Ihre Aufgabe besteht darin, Gefahr in Form von

Hütehunde

brauchen viel Auslauf genauso wie Beschäftigung für den Kopf. Das macht die meisten Hütehundrassen zu einem Vollzeithobby.

Wölfen, wildernden Hunden oder Viehdieben von ihrer Herde abzuwenden. Meist reicht schon ihre riesige eindrucksvolle Gestalt zur Abschreckung. Müssen sie jedoch eingreifen, sind sie kompromisslos. Herdenschutzhunde bilden ihre prägnanteste Wesensart – das Wachen und Schützen – umso stärker aus, wenn »Schutzbedürftige« mit zum Rudel gehören. Ihr Abwehrverhalten kann sich natürlich tatsächlich gegen eine reale Bedrohung durch »böse fremde Erwachsene« richten – so dass Sie Ihre Kinder herrlich beschützt wüssten. Jedoch kann so ein massives Eingreifen eines solchen Hundes sich auch zum Beispiel gegen den Postboten, einen sonstigen Besucher oder sogar gegen einen Freund des eigenen Kindes richten. Daher wäre ein Herdenschutzhund für Ihre Familie nur geeignet, wenn Sie bereits ausreichend Erfahrung mit diesen Rassen haben.

Spitzartige Hunde

Spitzartige Hunde wurden hauptsächlich als Wachhunde eingesetzt. Sie gaben auf Bauernhöfen, an Weinbergen, auf Fuhrwerken und Schiffen Laut, wenn sich jemand Fremdes näherte. Daher sind sie »standorttreu«, was bedeutet, dass sie in der Regel nicht zum Streunen oder Wildern neigen.

Lebhaft, schlau und äußerst wachsam – das ist der Spitz auch heute noch. Seine etwas schrille Stimme ist nichts für Leute mit empfindlichen Nerven. Deshalb eignet sich der Spitz auch, abgesehen von ausgesprochenen Zwergen, weniger für die Etagenwohnung als für ein Anwesen, wo es wirklich etwas zu bewachen gibt. Ein ausgeprägtes Laufbedürfnis hat er nicht.

Nordische Hunde

Die Heimat der nordischen Hunderassen sind die arktischen Länder unserer Nordhalbkugel. Landschaft, Klima und Lebensweise der einheimischen Völker haben diese Hunderassen geprägt. Alle nordischen Rassen zeigen charakteristische Merkmale, die sie deutlich von anderen Hunderassen unterscheiden: Sie gleichen sich vom Aussehen her in Stehohr und über dem Rücken getragener Rute, durch prächtiges, für arktische Bedingungen geschaffenes Fell, durch Stärke, Robustheit und Ausdauer.

Alle nordischen Hunde sind Arbeitstiere, geprägt von der harten Arbeit, die sie in ihren Herkunftsländern auch heute noch leisten. Sie sind äußerst robust und ausdauernd. Wenn man ihren

Grundbedürfnissen (viele dieser Rassen brauchen sehr viel Auslauf) gerecht wird und sie Gelegenheit zum Arbeiten haben, dann lässt sich ihr Temperament in geregelte Bahnen lenken und ihre Eigenheiten bleiben bewahrt. Allerdings ist blinder Gehorsam überhaupt nichts für diese Hunde.

Wenn Sie für Ihre Familie einen nordischen Hund anschaffen möchten, sollten Sie sicher sein, dass Sie sich auf die Bedürfnisse dieser Rassen einstellen können und dass Sie sich mit großer Konsequenz gegen den oft erstaunlich festen Willen Ihres Vierbeiners durchsetzen können.

Begleithunde

Begleithunde nennen wir solche Hunderassen, die schon immer als Begleiter des Menschen fungieren sollten. Sie sind in der Regel klein, um möglichst »handlich« zu sein. Da ihre Aufgabe darin bestand, ihren Menschen Gesellschaft zu leisten, ist ihr Anspruch an Auslastung und Bewegung geringer als bei den meisten anderen Rassen. Dennoch sollte nicht vergessen werden, dass auch diese Rassen Beschäftigung und längere Spaziergänge brauchen.

Geeignet als Familienhund sind die Begleithunde meist gut. Wenn Sie jedoch eine aktive Familie haben, die auch gerne mal lange Wanderungen macht oder gemeinsam Sport treibt, sollten Sie sich vielleicht doch für eine andere Rasse entscheiden.

Hunde haben Charakter

Ebenso wie wir hat jeder Hund einen ganz individuellen Charakter. Seine Eigenschaften machen ihn aus und lassen ihn in einer Familie harmonisch oder als ewigen Konfliktherd erscheinen.

Natürlich hängt vieles im Verhalten eines Hundes von der Erziehung ab. Ist sie sorgfältig und konsequent, machen die wenigsten Hunde Probleme. Dennoch gibt es Charaktereigenschaften, die für einen Hund, der mit Kindern leben soll, von Vorteil sind. Nach ihnen sollten Sie bei erwachsenen Tieren aus dem Tierheim oder auch schon bei den Welpen und deren Eltern Ausschau halten:

- Ein Hund, der mit Kindern lebt, sollte eher ruhig als nervös sein.
- Er sollte eher selbstsicher als ängstlich sein.
- Er sollte »Übergriffe« (das kann aus Hundesicht schon ein Festhalten am Fell oder ein Überbeugen, ein frontales Zugehen oder eine enge Umarmung sein) gelassen dulden und nicht zu selbstständiger »Korrektur« der übergriffigen kleinen Zweibeiner neigen.

Keine Rasse ist »der ideale Familienhund«

Die Eignung eines Hundes, sich harmonisch in eine Familie mit Kindern einzufügen, hängt von vielen Faktoren ab. Rasse ist nur eine davon. Noch wichtiger sind Sozialisation, Prägung und Erziehung.

Kurz und ordentlich vermenschlicht: Er sollte den Kindern gegenüber eher mal »ein Auge zudrücken«, anstatt kleinlich auf sein »gutes Recht« zu bestehen.

Die Kinderstube unserer Hunde

»Der hatte wohl keine gute Kinderstube!« – Was bei einem Menschen rasch dahingesagt ist, gilt für unsere Hunde auch. Daher sollten Sie beim Hundekauf nicht aufs Geld schauen, sondern auf ein liebevolles Zuhause, in dem der Welpe bisher aufgewachsen ist.

Woran Sie dies erkennen? Es gibt mehrere Anhaltspunkte, an denen Sie sich orientieren können: Von einem Hund aus einer »Zuchtstätte«, an der mehrere Rassen gezogen werden und wo gleich diverse Würfe »zum Aussuchen« vorhanden sind, ist unbedingt abzuraten! Wir nennen die dazugehörigen Menschen »Vermehrer«, da ihnen weder das Wohl der Rasse noch das des einzelnen Hundes am Herzen liegt. Diesen Menschen, die sich selbst auch gern »Züchter« nennen, fehlt nicht nur die Kenntnis zu den gezogenen Rassen, sondern auch die Zeit, sich um jeden Welpen persönlich zu kümmern und seine Entwicklung zu beobachten. Hier aufs Geld zu schauen mit dem Tenor »300 Euro sind doch schon genug Geld für einen Hund!« ist an der falschen Ecke gespart.

Häufig sind diese Hunde krank, verhaltensauffällig und schlecht sozialisiert. Das gesparte Geld geben Sie dann später doppelt und dreifach an den Tierarzt und an Verhaltenstherapeuten.

Natürlich scheinen zunächst 1000 Euro für einen acht Wochen alten Hund sehr viel Geld. Doch eine gute Züchterin steckt nicht nur eine Menge Kosten (vielfache,

teure Untersuchungen der Elterntiere, hochwertiges Futter, tierärztliche Betreuung des Wurfes, Impfungen etc.), sondern auch Zeit und Engagement in ihre Jungtiere – das ist mit Geld nicht aufzuwiegen.

Genau wie bei uns ist die erste Zeit im Leben, die sogenannte Prägephase, beim Hund enorm wichtig. Sie wollen Ihre Kinder zu liebenswerten, freundlichen Menschen erziehen? Dann legen Sie auch großen Wert auf eine gute Kinderstube Ihres Hundes! Denn nur so kann er zu einem gelassenen Vierbeiner und einem umgänglichen Kumpel für Ihre Kinder heranwachsen.

Sozialisation und Prägung – die wichtigste Zeit für meinen Hund

Gute Kinderstube ist von Fachleuten ja gut gesagt. Aber was bedeutet das?
Klar, bei Kindern wissen wir das alle: Kinder sollten die liebevolle Zuwendung ihrer Eltern und anderer Bezugspersonen erfahren. Ebenso ist es jedoch auch wichtig, dass sie schon früh kontrollierten Umgang mit Gleichaltrigen haben, in dem sie unsere menschlichen Verhaltensformen ausprobieren und üben können. Die Begegnung mit Fremden muss genauso geübt werden wie der Umgang mit Konflikten oder die Auseinandersetzung mit ängstigenden Situationen. Kinder müssen entdecken können, indem sie ihre Umwelt wahrnehmen dürfen, Spielzeug und unbekannte Menschen erkunden. Sie sollten Regeln kennenlernen, an die sie sich

Die Prägephase

ist für den Hund extrem wichtig.

halten müssen. Sie sollten Grenzen spüren und sich innerhalb dieses Rahmens aufgehoben, beschützt und gefördert fühlen.

Im Grunde können Sie diese Regeln zur Sozialisation von Kindern auch auf Ihren jungen Hund übertragen. Nur, dass Ihr Hund die ersten, wichtigen Wochen seines Lebens nicht bei Ihnen, sondern bei seiner Mutter und der Züchterin verbringt.

Wenn Welpen ausschließlich in einem kleinen Raum, einem Keller oder einer Pferdebox gehalten werden, können sie keine Entdeckungstouren starten, lernen nichts kennen und haben später häufig Angst vor Neuem.

Wichtig für die jungen Tiere ist, dass sie ihre Neugierde entwickeln und ungewohnte Sachen ausprobieren dürfen. Das kann ein Welpe in einem gut ausgestatteten Welpenzimmer genauso wie im Garten oder bei einem kleinen »Spaziergang« mit Hunde-Mama und Hunde-Tanten. Spielzeug sollte Ihr späterer Hunde genauso kennenlernen wie den Besuch fremder Menschen, wobei die Reaktion der Alttiere im Rudel sehr wichtig ist. Achten Sie beim ersten Besuch bei der Züchterin darauf, ob die Hundemutter Sie freundlich begrüßt. Haben Sie keine Angst, wenn die Hündin Sie überschwänglich und fröhlich anspringt. Das Anspringen ist reine Erziehungssache. Die darin enthaltene Freundlichkeit vonseiten der Mutterhündin zeugt aber von Aufgeschlossenheit gegenüber fremder Menschen. Ist die Mutterhündin jedoch zurückhaltend, stellt sie sich abwehrend vor die Welpen oder knurrt Sie gar drohend an, zeigt das eine unerwünschte Einstellung der Mutterhündin. Außerdem bietet so eine fremdenunfreundliche Hündin ihren Welpen ein ungutes Beispiel, wie man sich Besuch gegenüber zu verhalten hat. Denken Sie immer daran: Möchten Sie, dass Ihr Hund die Freunde Ihrer Kinder später so begrüßt? Wenn nicht, verabschieden Sie sich freundlich und suchen Sie eine andere Züchterin.

Bitten Sie die Züchterin doch, mal ein bisschen mit den Futternäpfen zu klappern, den Staubsauger oder das Radio anzustellen. Beobachten Sie die Welpen bei diesen ganz normalen Alltagsgeräuschen. Zucken sie zusammen und rennen ängstlich weg? Oder sind sie gelassen und spielen einfach weiter? Letzteres ist gewünscht, denn in Haushalten mit Kindern geht es nicht immer leise zu ...

Fragen Sie die Züchterin auch, ob Sie den Wurf mit dem Auto zum Tierarzt fährt oder mit den Welpen gar eine kleine Spazierfahrt macht. Schließlich soll Ihr Hund später doch auch mit in den Familienurlaub.

Alles, was der Welpe in den ersten zwölf Wochen Positives und Negatives erfährt, prägt sein weiteres Leben. Daher wird diese Zeitspanne auch Prägephase genannt. Seriöse Züchter legen viel Wert darauf, dass die von ihnen gezogenen Hunde in diesen Wochen bestmöglichst betreut werden.

Ein Hund für mein Kind

Was für eine Familie sind wir?

Wenn Sie darüber nachdenken, welcher Hund wohl zu Ihnen passen würde, sollten Sie zunächst einmal überlegen, was für ein Typ von Familie Sie sind. Wie alt sind die Kinder? Wie viel Zeit beanspruchen diese jungen Familienmitglieder im ganz normalen Tagesablauf? Denn je jünger die Kinder, je intensiver der Anspruch an Sie als Eltern, desto weniger Zeit bleibt für den (jungen?) Hund – das versteht sich von selbst.

Sehr kleine Kinder sind für nervöse oder nicht an Kinder gewöhnte Hunde manchmal problematisch, weil die im Krabbelalter schnell wie der Blitz auch mal auf dem

Eine Frage des Typs

Prüfen Sie sich und Ihre Familie auf Ihre Gewohnheiten und Wünsche.

Hund drauf liegen, mit den ersten ungelenken Schritten keinen Halt vor Hundekorb und Fressnapf machen und vielleicht ein kleiner Fuß auch mal auf einer Pfote oder einer Rute landen kann.

Doch die Kinder sind nur ein Teil der Familie. Sie und Ihr Partner, Ihre Partnerin sollten sich auch auf Ihre Gewohnheiten und Wünsche prüfen.

Sind Sie eher aktiv, oft in der Natur mit Wanderschuhen oder Rad unterwegs? Lieben Sie lange Spaziergänge – durchaus auch bei unfreundlichem Wetter? Dann würde sich ein bewegungsfreudiger Hund, der einen hohen Anspruch an Beschäftigung hat, bei Ihnen durchaus wohl fühlen.

Betreiben Sie zeitaufwendige Hobbys? (Achtung! Ist auf dem Golfplatz, dem Segelboot, im Dart-Klub ein Hund als Begleiter gern gesehen?) Dann halten Sie Ausschau nach Rassen oder Hunde-Individuen, die über weite Strecken damit zufrieden sind, einfach »bei Ihnen sein zu dürfen«!

Oder würden Sie sich eher als gemütlich und aufs Heim bezogen bezeichnen, womöglich als echte »Couchpotato«? In diesem Fall muss ein Vierbeiner her, dessen Anspruch an tägliche Bewegung eher gering ist und der sich vielleicht auch über Kopfaufgaben recht gut auslasten lässt.

Auch Ihr persönliches Wesen und das der anderen Familienmitglieder kann den Ausschlag zu der einen oder der anderen Rasse und innerhalb eines Wurfes sogar zu dem einen oder dem anderen Welpen geben.

Sind Sie extrovertiert und nehmen gern Kontakt zu anderen Menschen auf? Es gibt durchaus Hunde(rassen), die das auch gern tun – mit denen wären Sie gut bedient und bestimmt bald überall bekannt. Weniger gut würde jedoch eine Rasse zu Ihnen passen, die Besuch nicht schätzt und sich von Fremden ungern anfassen oder auch nur ansprechen lässt. Letztere wären eher geeignet für Sie, wenn Sie generell gern für sich sind und mit Nachbarn und Fremden, die Ihnen auf dem Spaziergang begegnen, lieber kein längeres Schwätzchen halten wollen.

Sie sehen: Das Nachdenken darüber, wie Sie selbst sind, schränkt die Auswahl an Rassen bereits ein bisschen ein. Es erleichtert die Qual der Wahl. Und natürlich beugt es einer Fehlentscheidung vor, die für alle Beteiligten verheerende Folgen haben könnte.

Wer wünscht sich einen Hund?

Im Idealfall sind Sie und Ihr Partner/Ihre Partnerin gleichermaßen hundebegeistert und Sie haben nur darauf gewartet, dass die Kinder endlich im richtigen Alter für einen vierbeinigen Familienzuwachs sind. Die Kinder platzen schier vor Freude über den geplanten Hund und Verwandte, Freunde, Nachbarn und Vermieter stehen diesem Unternehmen positiv gegenüber.

Leider trifft dieser Idealfall nicht immer zu. Oft wünscht einer der Partner sich den Hund, während der andere skeptisch ist. Dann gilt es – wie bei allen Entscheidungen, die man in einer Partnerschaft gemeinsam tragen muss –, alle Punkte auf den Tisch zu bringen: Wünsche und Sehnsüchte ebenso wie Vorbehalte und Ängste.

Ein hoch soziales Tier wie ein Hund kann nur dort ein gutes Zuhause finden, wo sich die Erwachsenen einig sind: Wir ziehen am gleichen Strang, tragen gemeinsam die Verantwortung und unterstützen uns gegenseitig.

Sollten Sie dieses Buch gekauft haben, weil Ihr Kind sich sehnsüchtig einen Vierbeiner wünscht, können wir nur zur sehr sorgfältigen Lektüre raten. So laut Ihre Kinder auch drängeln, sie werden nicht die Verantwortung für das Tier tragen können, die Tierarztkosten, Hundesteuer und Hundeschule zahlen, regelmäßig viermal am Tag mit dem Hund rausgehen und das Futter besorgen. Haben Sie erst einmal einen Hund, sind SIE als Erwachsene nicht nur für die Kinder, sondern auch für »deren« Hund zuständig.

Wäre für Ihre Familie Hundehaltung nur möglich, indem Ihre Kinder fest eingeplant und in die tägliche Verantwortung genommen würden, raten wir Ihnen um des Hundes Willen davon ab. Ein Hund braucht eine Führungsperson, der er folgen kann. Das können Kinder bis zu einem gewissen Alter einfach nicht bieten.

Leider erleben wir in unseren Hundeschulen immer wieder die Situation, dass Eltern ihrem vielleicht zehnjährigen Kind einen Hund kaufen. Zeigt der Vierbeiner sich dann in der Erziehung unbeeindruckt vom Kind, das in dem Alter noch keine souveräne Führung bieten kann, ist das Kind frustriert und enttäuscht, die Eltern ratlos und der Hund schnell überflüssig.

Achtung

Kinder können einem jungen Hund noch keine Führung bieten.

Warum sich vor allem Kinder Hunde wünschen

Hunde können bei Kindern unterschiedliche, doch jeweils für sich wichtige Bedürfnisse erfüllen. Wenn Sie die Gründe, aus denen Ihr Kind sich einen Hund wünscht kennen, aber nicht unbedingt gut heißen, überlegen Sie mal Folgendes:

Ihr Kind wünscht sich einen Hund,
weil es »etwas zum Betüdeln« möchte?
Hunde stellen tatsächlich ein Lebewesen dar, um das das Kind sich kümmern kann, das gepflegt und betreut werden muss. Ähnlich wie beim Puppenspiel oder dem Hantieren im »Kaufmannsladen« trainiert Ihr Kind mit seinem Vierbeiner auf diese Weise wichtige Verhaltensweisen für das erwachsene Leben: Sorgfalt, Freundlichkeit, Umgang mit anderen. Wichtig ist jedoch: Im Zweifelsfall müssen Sie zeitlich und engagiert in der Lage sein, alle Aufgaben, die Ihr Kind sonst managt, zu übernehmen.

Ihr Kind wünscht sich den Hund zum Liebhaben?
Hunde können für Kinder Seelentrösterfunktion haben. Wenn sie weinen, weil die Welt so ungerecht ist, leckt der Hund die Tränen ab und tröstet, oder er lädt ein zu einem lustigen Spiel und Ihr Kind verliert dadurch den Kummer. Ein Hund bewertet nicht, ihm ist es egal, ob man gute Noten hat oder die Hose schmutzig ist!
Aber Vorsicht, hier sind natürlich die Eltern gefordert, ihren Zugang zum Kind nicht an den Hund abzugeben!

*Ihr Kind wünscht sich einen Hund, weil es erwachsener
wirken möchte?*

Ist Ihr Kind alt genug, um rund um den Hund Aufgaben zu übernehmen, lernt es tatsächlich auf diesem Wege, Verantwortung zu übernehmen. Besprechen Sie mit Ihrem Kind zusammen, welche Aufgaben es rund um den Hund übernehmen darf und kann. Seien Sie sich dabei jedoch immer darüber im Klaren, dass dieser Plan nicht immer problemlos aufgeht. Interessen von Heranwachsenden wechseln mitunter rascher als das Wetter. Was heute noch spannend ist, kann morgen schon lästig sein.

Ihr Kind möchte einen Spielkameraden wie »Lassie«?

Ein Hund kann einen »Kumpel« darstellen, mit dem man Abenteuer erleben kann. Natürlich keine wie im Fernsehen. Aber viele Spiele, die Kinder mit Hunden durchführen dürfen, machen beiden großen Spaß und lassen so etwas wie Freundschaft entstehen. Legen Sie jedoch Wert darauf, dass Ihr Kind das hundliche Wesen begreifen lernt und den vierbeinigen Kameraden nicht zu sehr vermenschlicht.

*Ihr Kind wünscht sich einen Hund, weil es bei ihm
»der Bestimmer« sein möchte?*

Kinder können beim Training mit dem Hund und dessen Erziehung innerhalb der Familie auch den Unterschied zwischen als positiv zu bewertender Einflussnahme und negativ zu betrachtender Machtausübung lernen. Der »Bestimmer« zu sein heißt eben nicht nur, die eigenen Ideen in die Tat umzusetzen, sondern maßgeblich auch, hierbei auf das Wohl des anderen zu achten und Verantwortung zu tragen!

Mehr als Kinderwunsch

Auch wenn die Gründe für den Hundewunsch naiv erscheinen, steckt in seiner Erfüllung eine Chance.

Aus dem Alltag der Trainerinnen

Rita: Ich war so ein Kind, das sich dringend einen Hund wünschte. Irgendwann gab mein Vater nach und holte eine fünf Monate junge Boxerhündin aus zweiter Hand. Natürlich übernahm er die Erziehung. Und zwar mehr als mir lieb war: Er wurde Schutzhundesportler mit meinem Hund, der später NUR noch meinem Vater gehorchte! Das war hart! Ich glaube, deshalb bin ich Hundetrainerin geworden.

Mirjam: Wie habe ich meine Eltern bekniet, endlich einen eigenen Hund haben zu dürfen! Als ich zwölf Jahre alt war, zog dann unser Mischlingshund Ronny aus dem Tierheim bei uns ein. Ich war so überglücklich, dass ich natürlich damals nicht sehen konnte, wie unvorbereitet und unwissend wir alle in dieses Abenteuer hineinschlitterten. Heute denke ich, es wäre besser gewesen, meine Eltern hätten meinem Drängen nicht nachgegeben. Denn Ronny wurde weder erzogen noch artgerecht ausgelastet, er hätte ein schöneres Hundeleben verdient gehabt. Schade, dass es damals noch nicht solch ein Buch wie dieses gab.

Wie viel Verantwortung kann mein Kind tragen?

Bei den Überlegungen, welche Aufgaben Ihr Kind im Hinblick auf den Hund übernehmen kann, sollten Sie die rosarote Brille der Idealvorstellung unbedingt absetzen und sich der Situation realistisch stellen.

Ist Ihr Kind unter sechs Jahren? Dann ist es noch nicht in der Lage, regelmäßige Aufgaben selbstständig zu übernehmen. Suchen Sie eine Aufgabe aus, die leicht zu bewerkstelligen ist und mit dem Hund unmittelbar zu tun hat. Das Hundekörbchen sauber zu halten eignet sich da weniger. Eher schon, den gefüllten Futternapf an die dafür vorgesehene Stelle zu stellen, während der Hund – durch Sie kontrolliert – im Sitz wartet.

Je älter Ihr Kind ist, desto eher können Sie es auch mit Aufgaben betrauen, die regelmäßig ausgeführt werden müssen und eigenständiges Handeln erfordern. Das könnte das wöchentliche Bürsten genauso sein wie das abendliche Leckerchen-Versteckspiel. In unseren Hundeschulen nehmen Kinder und Jugendliche auch oft an Kursen teil. Wenn der Familienhund bereits eine gute Grundausbildung genossen hat, übernehmen Kinder ab zehn Jahren zum Beispiel das Tricktraining oder das Agility-Training.

Bedenken Sie, dass die Aufgabe des Gassigehens nicht mit jedem Hund von jedem Kind übernommen werden kann. Ist das Kind dem Hund körperlich unterlegen und/oder kann ihn nicht kontrollieren, sollten Sie von Spaziergängen ohne erwachsenen Beistand unbedingt Abstand nehmen. Im Außenbereich zeigen viele

Vierbeiner ein anderes Gesicht als das des schmusigen Sofagesellen daheim. Seien Sie sich bei der Anschaffung eines Hundes ganz sicher, dass notfalls auch Sie dazu bereit sind, den Hund mindestens dreimal täglich (und davon einen langen Spaziergang von mindestens einer Stunde) auszuführen – und zwar 13 bis 15 Jahre lang.

Die ideale Voraussetzung für ein harmonisches Miteinander zwischen Hund und Kind ist: Sie selbst möchten einen Hund und Ihr Kind ist von der Idee begeistert! Diese Voraussetzung bedeutet nämlich, dass – egal wie niedlich die Kinder den kleinen Welpen finden – die Verantwortung der Erziehung und Versorgung auf Ihren eigenen Schultern ruht.

Zeigt Ihr Kind sich dann im Umgang mit dem Hund talentiert und eifrig, können Sie durchaus Aufgaben abgeben. Alles jedoch ohne Druck. Hat Ihr Kind mal keine Zeit für die Gassirunde oder abends statt der Trainingseinheit eine andere Verabredung, übernehmen Sie. Auf diese Weise wird der Hund nicht zum Druckmittel.

Jüngere Kinder, aber auch Teenager mit Hundewunsch müssen geradezu in eine Frustration steuern, wenn ihnen klar wird, wie viel Zeit neben Schule, Hausaufgaben und Hobby der Hund beansprucht.

Die hohen Erwartungen der Eltern, ihr Kind möge sich ganz allein um seinen Herzenswunsch und kümmern, werden in der Regel nicht erfüllt, so dass es immer zu Spannungen in der Familie kommt. Wer am meisten darunter leidet ist der Hund – durch zu wenig Bewegung, mangelnde Erziehung, fehlende artgerechte Auslastung und oft auch, indem er einfach wieder abgegeben wird.

Denken Sie immer daran: Ihr Kind lernt gerade erst, Verantwortung zu tragen und die Reichweite von derartigen Entscheidungen zu erkennen. Seien Sie immer bereit, unterstützend einzugreifen – und zwar gerne. Nur so ist ein Hund in einer Familie mit Kindern richtig aufgehoben.

Hunde-Aufgaben, die mein Kind übernehmen kann

Als erste Aufgabe, mit der Sie Ihr Kind in Sachen Hund betrauen könnten, fällt den meisten Eltern das Gassigehen ein. Ist das Kräfteverhältnis zwischen Kind und Hund ausgewogen und der Hund mit anderen verträglich, ist dagegen auch nichts einzuwenden. Ausnahmen bilden Hunde, die über die Rasselisten der Landeshundegesetze (oder -verordnungen) als »gefährlich« eingestuft werden.

Natürlich gibt es auch beim Gassigehen Regeln, mit denen alle Familiemitglieder vertraut sein sollten und die Sie mit Ihrem Kind bei gemeinsamen Gängen üben

Hunde-Aufgaben für das Kind

Gassi-Gehen
Füttern
Kissen und Decken ausschütteln
Fellpflege
Spielen und Agility

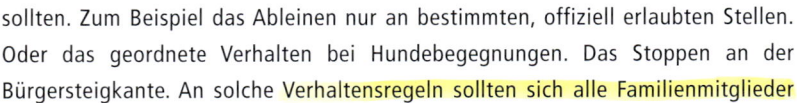

sollten. Zum Beispiel das Ableinen nur an bestimmten, offiziell erlaubten Stellen. Oder das geordnete Verhalten bei Hundebegegnungen. Das Stoppen an der Bürgersteigkante. An solche Verhaltensregeln sollten sich alle Familienmitglieder halten – sonst tut Ihr Hund das auch nicht. Einen Hund zu füttern bereitet den meisten Menschen Freude: diese unschlagbare Begeisterung auf vier Beinen, die Anhänglichkeit an diejenigen, die den Hund mit Nahrung beglücken. Das Futter vorzubereiten und hinzustellen kann eine Aufgabe für Ihr Kind sein, die es gern erfüllt.

Weniger beliebt sind Aufgaben, die mit Ordnung und Reinlichkeit zu tun haben. Nach genossener Mahlzeit muss der Futternapf auch wieder fortgeräumt und sorgfältig abgespült werden. Die Decken und Liegekissen im Hundekörbchen sollten regelmäßig ausgeschüttelt werden und etwa einmal im Monat in die Waschmaschine wandern. Auch dies kann für einen jungen Hundebesitzer als Aufgabe formuliert werde.

Kurz- wie langfellige Hunde sollten gebürstet und gekämmt werden. Bei langhaarigen Hunden gebietet das schon allein das drohende Filzmonster, in das sich Ihr Hund ansonsten verwandeln wird. Aber auch kurzhaarige Hunde sollten sich bürsten lassen – so wird das nervige Enthaaren auf Teppiche und Polstermöbel reduziert. Zudem stellt das Gebürstetwerden auch eine Duldungsübung dar, in der Ihr Hund stillhalten muss. Nicht alle Hunde lassen sich daher die Fellpflege von einem halbwüchsigen Familienmitglied gefallen. Nur wo das Kräfteverhältnis zwischen Kind und Hund stimmt oder ein großer Hund das Bürsten genießt, kann Ihr Kind diese Aufgabe übernehmen.

Je nach Alter Ihres Kindes, ist es auch möglich, dass von ihm kleine Erziehungseinheiten übernommen werden. Je älter das Kind, desto durchsetzungsfähiger ist es in der Regel. Kleine Übungen wie das Sitz, das Platz, das Bleib kann Ihr Kind unter Einsatz von Futterbestärkung und zuvoriger Anleitung durch Sie durchaus mit dem jungen Hund üben. Die Erfahrung in unseren Hundeschulen zeigt, dass Kinder in den Kursen eine rasche Auffassungsgabe besitzen und neue Übungen schon nach einmaliger Erläuterung der Umsetzung durchführen können – während wir Erwachsene erst einmal unsere eigenen Bewegungen koordinieren müssen, bevor unser Hund etwas lernen kann. Im Gegenzug haben Kinder jedoch öfter Schwierigkeiten, sich dem Hund gegenüber durchzusetzen. Werfen Sie einfach die Geschicklichkeit Ihres Kindes und Ihre eigene Durchsetzungskraft zusammen in einen Topf – heraus kommt ein gut erzogener Hund!

Spiele mit dem Hund sind natürlich auch eine herrliche Aufgabe, die sehr viel Freude macht. Durch das Verstecken von Leckerchen oder Spielzeug im ganzen Haus und das anschließende aufgeregte Suchen des Hundes wird nicht nur die Bindung zwischen Kind und Hund gefestigt, sondern der Hund auch noch auf artgerechte Weise (Einsatz des empfindlichen Organs Nase!) beschäftigt. Nichts ist schlimmer als ein gelangweilter Hund. (Höchstens ein gelangweiltes Kind.)

Etwas ältere Kinder (ca. ab elf oder zwölf Jahren) haben auch häufig Freude an der Ausübung von Hundesport. Agility eignet sich zum Beispiel phantastisch dazu, aus Kind und Hund ein echtes Team zu machen, beide zu beschäftigen und Ehrgeiz im Umgang mit dem Hund zu wecken – denn schließlich lockt die Teilnahme an Wettkämpfen und damit verbundene »Ehre« bei einer Platzierung. Außerdem macht es Kindern viel Freude, den Hunden lustige Tricks beizubringen. Pfoten geben, »Schlafender Hund« und »Zickzack durch die Beine« – geübt werden kann im heimischen Wohn- oder Kinderzimmer. Und wenn der Hund eine Übung beherrscht, können beide damit super vor Freunden und Verwandten glänzen.

Aufgaben ernst nehmen

Trauen Sie Ihrem (älteren) Kind die Übernahme von Aufgaben auch wirklich zu. Nur so wird es seine Verantwortung ernst nehmen.

Der richtige Hund für unsere Familie

Hundetyp / Rasse

Unserer obigen Auflistung können Sie bereits entnehmen, welche Hundetypen es gibt und wie ihre typischen Verhaltensweisen aussehen.

Wir haben uns bewusst dagegen entschieden, an dieser Stelle Tipps zu der idealen Familienhund-Rasse zu geben. Es gilt immer: Sozialisation, Prägung und Erziehung ist das wichtigste bei jedem Individuum.

Ebenso ist wichtig: Lassen Sie sich nicht allein von Schönheit leiten. Versuchen Sie, das für Sie ansprechende Äußere in Kombination mit einem Rassecharakter und einem gut sozialisierten Individuum zu finden, das zu Ihrer Familie passt.

Natürlich ist es auch empfehlenswert, Bücher über die Wunschrassen zu lesen. Doch hierbei sollten Sie im Auge behalten, dass diese Portraits von Rasselieb-habern geschrieben wurden, die natürlich ihre Rasse für die tollste von allen hal-ten. Erfreulicherweise kommen in den letzten Jahren aber auch immer häufiger Rassewerke auf den Markt, in denen von Kennern auch kritische Äußerungen getan werden dürfen, so dass es den zukünftigen Hundehaltern nicht mehr so schwer fällt, zwischen den Zeilen herauszufiltern, was denn die »Nachteile« ihres Wunschhundes sein könnten.

Wird zum Beispiel eine Rasse als »sehr wachsam« beschrieben, können Sie davon ausgehen, dass sie viel bellt. Eine Rasse, die »die eigenen Leute in jeder Situation beschützen würde«, ist eine Rasse, die auch gerne mal Freunde oder Bekannte »stellt« und nicht in die Wohnung lässt. Wird eine Rasse als »hoch sensibel« beschrieben, kann das sowohl Geräuschempfindlichkeit (bei den Hütehunden) bedeuten als auch eine Neigung zu neurotischem, zwanghaftem Verhalten.

Viel besser als Bücher zu lesen ist natürlich der Kontakt zu den Hunden selbst. Ein guter Züchter hat nichts dagegen, wenn Sie sich im Vorfeld auch seine erwachse-nen Tiere ansehen wollen – und zwar MIT Ihren Kindern! Besprechen Sie mit ihm, wie seine Hunde sich Kindern gegenüber verhalten und wo er mögliche Probleme sieht. So ein Live-Besuch zeigt oft sehr viel mehr Alltagsrelevantes als das Blättern in Hochglanzbüchern. Oder besuchen Sie vor der Anschaffung und Entscheidung für eine bestimmte Rasse als Gast das Gruppentraining einer Hundeschule, dort können Sie unterschiedliche Rassen miteinander vergleichen und vieles erfahren, was auf Sie zukommt.

Erwachsene Hunde aus dem Tierheim

In allen Tierheimen finden sich erwachsene Hunde, die sich für eine Familie eignen. Sind die Hunde von ihren Vorbesitzern abgegeben worden, ist meist auch etwas über ihre Vorgeschichte bekannt. Das erleichtert erfahrungsgemäß das Kennenlernen. Bei Fundhunden müssen Sie sich auf die Beobachtungen der Pfleger im Tierheim verlassen. Auf gemeinsamen Spaziergängen können Sie den Hund ein bisschen näher kennenlernen und herausfinden, ob Sie ihn sich in Ihrer Familie vorstellen können. Vereinbaren Sie nach Möglichkeit auch einen Wochenendbesuch bei Ihnen daheim. Denn einen Hund irgendwo spazieren zu führen ist ein ganz anderes Gefühl, als dieses fremde Lebewesen plötzlich in den eigenen vier Wänden zu haben.

Nehmen Sie einen Hund aus dem Tierheim zu sich, tun Sie nicht nur eine gute Tat, sondern haben auch weitere Vorteile: Ein Tierheimhund, egal ob Rasse oder Mischling, kostet in der Anschaffung nicht so viel wie ein Welpe von einem Züchter. Mit einem erwachsenen Hund haben Sie die Mühe mit der Stubenreinheit nicht, sondern holen sich ein schon verständigeres Tier nach Hause, das auch nicht so viel Aufregung und »Kleinkindhektik« mitbringt. Hier haben Sie in der Hand, sich ein Exemplar auszusuchen, das schon recht gut erzogen ist – so dass Sie nur noch »nachfeilen« müssen. Aber Achtung! Lassen Sie auch hier nicht nur das hübsche Äußere sprechen! Wählen Sie aus den Tierheimhunden ausgerechnet ein problematisches Tier mit Verhaltensauffälligkeiten, hohem Jagdtrieb, aggressivem Verhalten gegen Artgenossen etc., kehren sich alle Vorteile rasch ins Gegenteil. Denn ein über Jahre ritualisiertes Verhalten wieder »wegzutrainieren« ist schwieriger als es – nach dem Motto »Wehret den Anfängen!« – erst gar nicht entstehen zu lassen.

Wegtrainieren ist schwerer als Erziehen

Ein über Jahre ritualisiertes Verhalten wieder »wegzutrainieren« ist schwieriger als es – nach dem Motto »Wehret den Anfängen!« – erst gar nicht entstehen zu lassen.

Welpen

Junge Hunde sind einfach zu niedlich. Sie bestechen jeden mit ihrem Kindchen-schema, dem weichen Fell, den großen Augen und den runden Schnauzen. Kinder und Welpen scheinen geradezu füreinander geboren zu sein. So lange sie schlafen! Sind beide wach und entsprechend ihrem Alter rege, kann sich ein Hundewelpe für Sie als gefragte Mutter wie ein zweites Kind anfühlen. Ständig fällt ihm etwas Neues ein, das er anstellen kann. Mit den Vorhängen Fangen spielen, Schuhe erst er- und dann zerlegen, die Yuccapalme ausgraben, auf dem Ledersofa versuchswei-se eine Schlafkuhle graben, Legosteine verschlucken, Schokolade klauen und nebenbei täglich etwa zwanzig Mal auf den Fußboden pinkeln.

Der Vorteil neben all diesem Chaos ist jedoch: Dieser Hund wird ganz und gar IHR Familienhund werden. Er wächst neben den Kindern auf, absolviert mit Ihnen gemeinsam die Welpenspielgruppe und die Erziehungskurse in der Hundeschule. Für ihn wird es schon bald kein »vorher« mehr geben und Sie selbst haben alle Zügel in der Hand, um Einfluss zu nehmen auf die Entwicklung Ihres Zöglings.

Wenn Sie also auch von den schlimmsten Streichen nicht abzuschrecken sind, hier ein paar Tipps für die Auswahl des richtigen Welpen für Ihre Familie:

Auswahlkriterien für die richtige Züchterin / den richtigen Zücher

Zur Auswahl der richtigen Züchterin / des richtigen Züchters haben wir bereits unter »Sozialisation« ein paar Tipps gegeben. Ihr Bauchgefühl kann Sie dabei beraten. Stellen Sie sich einfach vor, dass Ihr junger Hund bestmögliche Betreuung, Pflege und Prägung erfahren sollte. Hat die Züchterin / der Züchter die Zeit dazu? Liebt sie / er ihre / seine erwachsenen Hunde? Sind die Hunde in den Haushalt integriert? Je selbstverständlicher die Hunde sich im Haus bewegen und mit Besuch umgehen, desto besser.

Und denken Sie daran: Gute, kontrollierte und tierärztlich betreute Hundezucht hat ihren Preis. Wenn Ihr Familienzuwachs beispielsweise 1000 Euro kosten soll, ist das keineswegs ein Wucherpreis, sondern für einen jungen Hund aus guter Aufzucht angemessen.

Hier noch ein paar Tipps, die bei der Wahl der Züchterin / des Züchters helfen:

- Ihre Züchterin / Ihr Züchter züchtet nur eine Rasse und ist selbst von dieser schwer begeistert.

- Ihre Züchterin / Ihr Züchter hält selbst nur so viele Hunde, dass die Tiere bei ihr / ihm im Haus leben können und am alltäglichen Leben teilnehmen. Sie / er geht mit den Hunden spazieren und beschäftigt die Hunde artgerecht.

- Selbstverständlich erwartet die Züchterin / der Züchter von Ihnen, dass Sie etwas über Ihre Familienverhältnisse berichten und alle gemeinsam den »Antrittsbesuch« bei ihr / ihm machen. Sie / er wird Ihnen jedoch beim ersten Besuch nicht gleich einen Hund mitgeben.

- Ihre Züchterin / Ihr Züchter gibt ihre / seine Welpen auf keinen Fall unter acht Wochen ab. Bei kleineren Rassen sind zehn Wochen ideal, bei den großen Rassen zwölf Wochen. Immer vorausgesetzt, dass ihnen in der Zuchtstätte genügend Abwechslung geboten wird.

- Wenn Ihre Züchterin / Ihr Züchter die Welpen abgibt, geschieht dies, indem Sie den Hund bei ihr / ihm abholen oder sie / er bringt Ihnen den Hund nach Hause, um sich anzusehen, wie der Welpe zukünftig leben wird.

- Selbstverständlich ist der Welpe zu diesem Zeitpunkt einmal geimpft und regelmäßig entwurmt. Die Unterlagen vom Tierarzt hierzu (Impfausweis, Entwurmungspass) kann Ihre Züchterin / Ihr Züchter Ihnen sofort vorlegen.

- Ihre Züchterin / Ihr Züchter schließt mit Ihnen einen Kaufvertrag. Der Vertrag beinhaltet folgende Angaben: Den vollständigen Name und die Anschrift des Verkäufers und des Käufers, Name, Wurfdatum, Zuchtbuchnummer, Tattoo- bzw. Chipnummer des Welpen, Gesundheitszustand des Welpen und eventuelle Mängel, Kaufpreis und Zahlungsart, Übergabetermin des Welpen.

Die richtige Züchterin / der richtige Züchter

behandelt ihre / seine erwachsenen Hunde genau so wie Sie selbst Ihren Hund behandeln möchten.

Mein Hund stammt aus einer Privatfamilie

Mischlinge sind Individuen, die es kein zweites Mal gibt! In den Zeitungen finden sich immer wieder Anzeigen, in denen Mischlingswelpen angeboten werden. Nennen sich die Anbieter hier »Züchter«, lassen Sie bitte unbedingt die Finger von diesen Hunden! Meist stehen bei diesen Vermehrern Welpen unterschiedlichster Verpaarungen »zur Auswahl«, die unter schlechten Bedingungen (Krankheiten,

miese Sozialisation, keinerlei Kontrolle der Elterntiere) gehalten werden. Auch wenn die kleinen Hunde einem Leid tun können, nehmen Sie bitte keinen von ihnen mit! Sie unterstützen diesen niederträchtigen Handel mit Lebewesen und machen nur Platz für einen neuen armen Vierbeiner.

Hat jedoch die Hündin einer Familie einen verbotenen Ausflug unternommen und die Welpen sind nun abzugeben, dürfen Sie ruhig nähertreten.

Beobachten Sie die Mutterhündin. Wie geht sie mit Ihnen als Besuch um? Freut sie sich über Sie? Ist sie gelassen, auch wenn Sie ihre Welpen anfassen und hochnehmen? Denken Sie daran: Eine Hündin, die Sie anknurrt, ist ihren Welpen kein gutes Vorbild!

Wie wachsen die Welpen in dieser Familie auf? Auch hier kann Ihr Bauchgefühl eine Menge mitentscheiden. Seien Sie kritisch! Schließlich müssen Sie mit Ihrem Hund die nächsten 15 Jahre verbringen.

Ein Welpe mit Kinder-Erfahrung

Wenn beim Züchter (oder der Privatfamilie) Kinder im Haushalt leben, kann das eine ideale Voraussetzung sein – aber auch genau das Gegenteil.

Natürlich wachsen die Welpen auf diese Weise gleich mit den hohen Stimmen und dem Geruch der »kleinen Menschen« auf. Sie kennen ihre Bewegungsabläufe und können sie einschätzen. Doch beobachten Sie einmal genau und kritisch, wie die Kinder der Züchter mit den jungen Hunden umgehen dürfen. Nehmen sie die Welpen häufig auf den Arm? Rennen sie ihnen hinterher? Wie »spielen« sie mit ihnen? Tatsächlich hundebabygerecht oder eher nach den Vorstellungen von Kindern? Wenn Sie das Gefühl haben, dass die jungen Hunde durch die Kinder gestört und belästig werden, sollten Sie daraus auch Schlüsse auf die »Einstellung« des Hundes zu Kindern ziehen. Denn in diesem Fall sind die Kinder in den Augen des Hundes keine Kameraden und Schmusegesellen, sondern eher Drangsalierer, denen es zu entkommen gilt. Ein so negativ auf Kinder geprägter Hund hat oft Angst vor Kindern und setzt sich leicht gegen ihre freundlich gemeinten »Übergriffe« zur Wehr.

Wie suche ich den richtigen Welpen aus?

Einen Hund auszusuchen ist eine spannende Sache für Kinder. Aber selbst ältere Kinder (und so mancher Erwachsene) verlieren beim Anblick der niedlichen Fellknäuel den Kopf und greifen zum niedlichsten oder zu dem, der als erster zu ihnen kam. Das muss aber nicht der geeignetste Hund aus dem Wurf sein. Daher unser Rat: Besprechen Sie mit der Züchterin / dem Züchter, dass bei Ihrem ersten Besuch noch keine Entscheidung gefällt wird. Nehmen Sie Ihre Kinder ruhig mit – machen Sie ihnen jedoch vorher klar, dass die Züchterin / der Züchter letztendlich entscheiden wird, welcher von den kleinen Hunden zu Ihnen nach Hause kommen wird. So ein Wurf bei seriösen Züchtern ist kein Supermarkt, wo die Welpeninteressenten nur auszuwählen brauchen. Sagen Sie das Ihren Kindern. Kennen die Züchter erst einmal Ihre Familie und auch die dazugehörigen Kinder, werden sie Ihnen zu einem Welpen raten, von einem anderen eher abraten können. Schon mit wenigen Wochen ist nämlich zu erkennen, welcher der jungen Hunde besonders durchsetzungsfähig, welcher eher zurückhaltend und welcher womöglich übermäßig ängstlich ist.

Einige Ratschläge zum Aussuchen eines Welpen aus einem Wurf sind immer zu beherzigen:

- Je lebhafter die Rasse, desto eher sollten Sie nach dem ruhigsten im Wurf Ausschau halten.
- Kommen Sie nicht nur einmal zum Welpenschauen, sondern zwei- bis dreimal. So können Sie die Welpenentwicklung beobachten.
- Die Augen Ihres Welpen sollten klar, glänzend und ohne Ausfluss und Verklebungen sein. Ebenso sollte die Nase feuchtkalt und ohne massiven Ausfluss oder Verkrustungen sein.
- Das Fell sollte dicht und glänzend (ohne Parasiten) sein und nicht struppig und stumpf.
- Welpen müssen ein bisschen moppelig sein, dürfen nicht zu mager sein, aber auch nicht übermäßig fett. Achten Sie darauf, dass der Bauch nicht aufgebläht ist (das deutet auf Würmer hin) und dass die Beckenknochen nicht hervorstehen.

Auswahlkrterien

**glänzendes Fell
klare Augen
kühle feuchte Nase
kein Blähbauch
nicht zu mager**

● Die Ohren sollten sauber und ohne wässrige Absonderungen sein und nicht streng riechen.

● Die Zähne sollten in gutem Zustand und das Zahnfleisch und die Zunge sollten rosafarben sein.

● Wenn Sie Ihrem Welpen schon ins Mäulchen schauen, dann drehen Sie ihn auch ruhig mal herum. Denn der Afterbereich sollte sauber und nicht verklebt sein.

● Ein gesunder Hund ist neugierig, beschnuppert einen und sitzt nicht teilnahmslos in einer Ecke. Muntere Welpen spielen und balgen mit ihren Geschwistern.

Wenn der Hund schon da ist und dann das Kind kommt ...

Bisher war immer die Rede davon, wie Sie vorgehen sollten, wenn Ihre Kinder sich einen Hund wünschen und wie das neue vierbeinige Familienmitglied in die bestehende Familie zu integrieren ist. Bei Ihnen ist es aber andersherum? Sie haben bereits einen tollen Hund an Ihrer Seite und erwarten nun ein Kind? Auch in dieser Situation gibt es viel zu fragen und zu erfahren.

Gezielte Vorbereitung
auf das Leben mit Kind und Köter

Ihr Hund reagiert unsicher auf kleine Kinder oder größere Veränderungen? Sie müssen nicht ängstlich der Dinge harren, die da kommen werden! Nehmen Sie die Zukunft Ihrer Familie selbst in die Hand – denn sie soll doch mit Kind UND Hund glücklich sein!

Ratenswert ist natürlich immer der Besuch bei einer guten Hundetrainerin. Mit ihr können Sie in aller Ruhe besprechen, welche Ängste Sie plagen und welche Befürchtungen Sie in Bezug auf die Reaktion Ihres Hundes auf den Familienzuwachs haben. Die Trainerin wird Sie, Ihren Partner/Ihre Partnerin und Ihren Hund auf Herz und Nieren prüfen. Sollte sie auch Schwierigkeiten am Horizont aufziehen sehen, wird sie Ihnen einen Trainingsplan aufstellen, der die befürchteten Probleme bereits jetzt – lange vor Geburt des Babys – angeht.

Gehen Sie diesen Schritt früh genug, denn manchmal dauert so ein Training zu deutlich spürbaren Verhaltensänderungen einige Wochen.

Verändert mein Hund sich
durch meine Schwangerschaft?

Viele Frauen berichten, dass ihr Hund sich schon während der Schwangerschaft anders verhalten hat als vorher. Das ist durchaus möglich. Denn durch die Schwangerschaftshormone verändert sich Ihr Körpergeruch. Nicht derart, dass wir Mitmenschen es bewusst wahrnehmen, doch für eine Hundenase ist es erkennbar. Ihre eigenen Hormone und später auch die Anwesenheit des Babys sorgen dafür, dass sich auch beim Hund der Hormonhaushalt umstellen kann. Eine Auswirkung davon kann sein, dass Ihr Hund vermehrt beschützt, sowohl seine Menschen als auch das Territorium, also Haus und Wohnung oder das Auto. Eine andere Auswirkung könnte seine, dass Ihr Hund vermehrtes Pflegeverhalten zeigt, zum Beispiel das Ablecken Ihrer Hände oder unbekleideter Körperstellen Ihres Babys.

Zudem wird sich natürlich auch Ihr eigenes Verhalten und das Ihres Umfeldes verändern. Darauf reagieren Hunde ebenfalls leicht, denn Stimmungsübertragung spielt immer eine große Rolle zwischen Mensch und Hund – egal, ob schwanger oder nicht.

Einige Biologen behaupten auch, dass manche Hunde dieses gesteigerte Brutpflegeverhalten zeigen, wenn ihre Besitzerin die Anti-Baby-Pille nimmt. Denn

durch die Hormone wird ja ebenfalls eine Schwangerschaft vorgetäuscht und dies geruchlich an die feinen Nasen unserer Vierbeiner weitergegeben.

Unser Rat für den Fall Ihrer Schwangerschaft: Versuchen Sie, möglichst normal mit Ihrem Hund umzugehen. Das ist die beste Voraussetzung dafür, dass auch alles unproblematisch weiterläuft, wenn das Baby erst da ist.

Nicht mehr Nummer Eins sein ...

Viele schwangere Frauen fragen sich: Wie bereite ich meinen Hund darauf vor, dass er nicht mehr Nummer Eins für mich sein wird?

Ihr Baby wird Sie besonders in den ersten Wochen und Monaten so sehr beanspruchen, dass gewohnte Tagesabläufe komplett durcheinandergeraten und nichts mehr so scheint wie vorher. Für Ihren Hund, der (noch mehr als wir) feste Rituale im Tagesablauf braucht und schätzt, bedeutet das eine Menge unerwünschter Unruhe.

Es empfiehlt sich daher, schon vor der Geburt des Kindes ein paar Änderungen einzuführen. Zum Beispiel könnte Ihr Partner/Ihre Partnerin oder eine andere Bezugsperson für den Hund zum Gassigänger, Spieleanreger und Schmuser werden.

Sie selbst als werdende Mutter sollten sich aus dieser Konstellation ein wenig heraus halten. Lassen Sie ruhig zu, dass Ihr Hund sich nach ein paar langen Spaziergängen oder den ersten gemeinsamen Agility-Trainingsstunden wie verrückt freut, wenn es heißt: »Geh ruhig mit ...!«

Der Bezug zu einer anderen Person, die ihm ritualisierte Abläufe und somit den Halt in einem bald völlig kopfstehenden Alltag garantieren kann, ist für Ihren Hund sehr wichtig.

Sobald Sie und Ihr Baby einander kennengelernt und in einen gemeinsamen Rhythmus gefunden haben, können Sie nach und nach auch Ihrem Hund wieder das bieten, was er braucht. Nichts wäre schädlicher für Ihrer beider Beziehung zueinander, wenn Ihr bisher so geliebter Vierbeiner Ihnen durch seine berechtigten Ansprüche plötzlich lästig würde. Also sorgen Sie vor. Sie müssen sich ja nicht von ihm verabschieden. Es geht nur darum, für die anstrengende erste Zeit sicherzustellen, dass alle zu ihrem Recht kommen. Außerdem müssen Sie ja nicht alle schönen Sachen mit Kind und Hund getrennt unternehmen.

Achten Sie darauf, dass Ihr Hund auch mal Aufmerksamkeit und Schmuseeinheiten bekommt, wenn das Kind wach ist und Sie es vielleicht auf dem Arm halten. Somit verknüpft er Ihren Familienzuwachs auch mit positiven Dingen. Ganz falsch ist es, den Hund im Beisein des Kindes wegzusperren. Hier werden Probleme vorprogrammiert, die vollkommen unnötig sind.

Auch für Ihr Kind ist ein Spaziergang im Kinderwagen an der frischen Luft eine gesunde und fördernde Sache. Ihr Hund begleitet Sie dabei sicher gern. Probleme können nur auftreten, wenn Ihr Hund nicht leinenführig ist und Sie mit dem ziehenden Vierbeiner und Kinderwagen »kämpfen« müssen. Oder wenn Ihr Hund seine Beschützerrolle zu ernst nimmt. Sollte Ihr Hund nun vermehrt andere Hunde anbellen oder gar angreifen wollen, wenn Sie beide mit dem Kinderwagen unterwegs sind, kann das gefährlich werden. In beiden Fällen wenden Sie sich frühzeitig an

Vorausdenken!

Schon im Vorfeld Veränderungen durchzuführen, kann späteren Konflikten vorbeugen.

eine gute Hundetrainerin / einen guten Hundetrainer, die / der Sie und Ihren Hund ein paar Stunden begleitet und Ihnen hilft, alles wieder gelassen in rechte Bahnen zu lenken.

Aus dem Alltag der Trainerinnen

Rita: Ich weiß, dies ist jetzt nichts für empfindliche Mütter: Meine beiden Kinder habe ich in der ersten Zeit auf der Couch gewickelt. Mein damaliger Hund, ein Cocker, hat dabei zugeschaut und mir auf seine Art bei der Pflege geholfen: Die Pampers durfte er dann zum Windeleimer tragen.

Wie kann ich möglichen Problemen vorbeugen?

Nicht alle Hunde sind so problemlos und pflegeleicht, dass man sich keinerlei Gedanken darum zu machen braucht, wie sie so eine gravierende Veränderung wie ein kleines Kind in der Familie verkraften. Sollte Ihr Hund problematisches Verhalten zeigen, sollten Sie natürlich möglichst früh fachliche Hilfe suchen. Jedoch allerspätestens dann, wenn klar ist, dass Sie bald Nachwuchs erwarten.

Auch Hunde, die fremde Kinder anbellen oder Angst vor Unbekanntem zeigen, können lernen, dies zu überwinden und Kinder zu mögen. Ihr eigenes Vorbild ist in diesem Falle am wichtigsten.

Pöbelt Ihr Hund an der Leine Artgenossen an oder zeigt sonst unerwünschtes Verhalten, sollten Sie baldmöglichst eine gute Hundetrainerin / einen guten Hundetrainer in Anspruch nehmen. Während Sie einen Kinderwagen schieben, können Sie nämlich nur schwer zusätzlich einen sich wie wild gebärdenden Hund bezwingen.

Suchen Sie die Trainerin schon zu einem frühen Zeitpunkt der Schwangerschaft auf, solange Sie noch beweglich sind und das ein paar Wochen dauernde Training gut in Angriff nehmen können.

Das Kind ist da, auf was muss ich jetzt achten?

Zunächst einmal werden Sie feststellen, dass Ihr Leben sich durch den Familienzuwachs komplett ändert. Es wird nie mehr sein wie zu der Zeit, in der Sie noch keine Mutter waren. Ihre Hormone spielen verrückt. Sie bekommen zu wenig Schlaf. Sie und Ihr Kind müssen sich erst aneinander gewöhnen. Alles ist neu.

Ideal ist es jetzt, wenn Sie jemanden haben, der sich um die Aufgaben rund um Ihren Hund kümmern kann. Das kann Ihr Partner/Ihre Partnerin genauso übernehmen wie eine Verwandte oder liebe Freundin.

Für Ihren Hund und Sie wäre es toll, wenn er von Anfang an dabei sein kann und miterlebt, wie Sie und Ihr Kind einander kennenlernen.

Sollten Sie eine anstrengende Schwangerschaft oder eine komplizierte Geburt erlebt haben oder aus einem anderen Grund sehr ruhebedürftig sein, bliebe auch die Überlegung, Ihren Vierbeiner für ein oder zwei Wochen in Urlaub zu schicken – zu Freunden oder Verwandten, die er gut kennt und bei denen er womöglich auch zu anderen Gelegenheiten mal unterkommen kann.

Für die Zeit, in der Ihr Hund dann wieder zu Ihnen stößt, gilt das gleiche wie in dem Fall, dass er gleich mitten im Geschehen sein darf: Beziehen Sie Ihren Vierbeiner mit ein! Er war bisher ein großer Teil Ihres Lebens und das sollte sich durch das Baby nicht ändern.

Dass er an dem Neuzugang der Familie mal schnuppern möchte ist ganz normal und sollte ihm auch erlaubt sein. Schließlich möchten Sie, dass Ihr Hund auch weiterhin Mitglied Ihrer Familie ist – da muss er auch Bekanntschaft schließen dürfen.

Beziehen Sie Ihren Hund mit ein

Lassen Sie ihn von Anfang an dabeisein.

Kinder in unterschiedlichen Entwicklungsphasen

Zunächst einmal: Seien Sie gnädig mit sich selbst! Ein Kind zu bekommen und sich plötzlich 24 Stunden am Tag um den neuen Erdenbürger zu kümmern ist kein Pappenstiel.

In der ersten Zeit werden Sie nicht die sonst übliche Vollblut-Hunde-Mutti sein können, die sich um den Vierbeiner kümmert, ihn auslastet und mit ihm gemeinsam viele Dinge unternimmt. Gerade in dieser ersten Zeit zahlt sich aus, wenn Sie sich schon im Vorfeld darum gekümmert haben, dass Ihr Hund sich auch mit anderen Menschen »pudelwohl« fühlt. Er hat Spaß an den Unternehmungen mit anderen. Sie wissen ihn bestens betreut. Und wenn Sie sich der neuen Aufgabe des Mutter-

Seins vollkommen gewappnet fühlen, können Sie langsam nach und nach Ihre alten, geliebten Aufgaben rund um den Hund wieder aufnehmen. Gönnen Sie sich die Zeit. Umso schöner wird es später dann mit Kind und Hund gemeinsam.

Die erste Veränderung im Zusammensein mit Ihren beiden Schutzbefohlenen geht mit dem Krabbelalter einher.

Da wird Ihr Sprössling, der bisher brav liegen bleiben musste, wo Sie ihn hingelegt haben, plötzlich schneller als Ihnen lieb ist. Und Ihr Hund muss erkennen, dass er nirgends auf dem Boden noch sicher sein kann vor spontanen Liebesbekundungen und Spielattacken seitens des Krabbelmonsters. Jetzt müssen Sie verschärft aufpassen. Schaffen Sie Ihrem Hund einen Ruheraum, in dem er für Ihr Kind nicht erreichbar ist. Achten Sie darauf, dass Ihr Kind schon jetzt die Grenzen kennenlernt, die Ihr Hund schon lange akzeptiert: Nicht immer ist ein Ansturm erwünscht. Ebenso wie bei Hunden begreifen so kleine Kinder schon ein »Nein«, wenn man es ihnen mit Sorgfalt und liebevoller Konsequenz beibringt. Und das ist für Ihr Kind wichtig zu lernen, denn schon bald wird es laufen und somit noch unabhängiger.

Diese Grenzen zum Schutz des Hundes und somit auch des Kindes einzuführen und durchzusetzen ist eine maßgebliche Aufgabe im Zusammenleben mit Kind und Hund. Kindergartenkinder verstehen dann schon sehr gut, zu welchen Zeiten sie den Hund komplett in Ruhe lassen sollen und wann es möglich ist, ihn zum Toben aufzufordern. Doch glauben Sie ja nicht, dass Ihr Kind sich immer an diese Beschränkungen hält.

Nach wie vor gilt: Kinder und Hunde dürfen nicht ohne Aufsicht miteinander allein gelassen werden. Denn zum einen sind beide unberechenbar, was Ideen und ungewohnte Reaktionen angeht. Zum anderen kommen Kinder gern auf außergewöhnliche Spielideen, die für einen Hund nicht immer angenehm sind.

Aber auch ein Kindergartenkind kann schon einige Aufgaben übernehmen. Und je älter Ihr kleiner Zweibeiner wird, desto eher können Sie die eine oder andere Verantwortung an ihn abgeben.

Grundlagen für ein entspanntes, glückliches Leben mit Familienhund

Verhalten verstehen

Um harmonisch miteinander leben zu können, muss man sich verstehen. Das setzt eigentlich voraus, dass alle Beteiligten die gleiche Sprache sprechen. Und tatsächlich lernen unsere Hunde Teile unserer verbalen Ausdrücke mit der Zeit auseinander zu halten. Sie begreifen, welche Namen welchen Personen zuzuordnen sind oder können ihre Spielzeuge anhand der Bezeichnung auseinander halten. Im Wesentlichen jedoch begreifen Hunde uns nicht über unser gesprochenes Wort, sondern über unsere Körpersprache, unser Stimmungsbild (das sie übrigens sowohl erspüren als auch »riechen« können) und unsere Mimik.

Dies können wir als Menschen einsetzen, um dem Hund begreiflich zu machen, was wir von ihm erwarten. Doch dazu müssen wir uns im Vorfeld mit Hundeverhalten beschäftigen und es unsererseits lesen lernen. Tun wir das nicht, kommt es unweigerlich zu Missverständnissen und das notwendige gegenseitige Vertrauen kann gar nicht erst entstehen.

Noch vielmehr als wir Erwachsenen neigen Kinder dazu, das Verhalten eines Tieres zu vermenschlichen. Sie erkennen oft nur schwer, dass ihr Hund eigene Bedürfnisse hat, die unseren nicht immer entsprechen. Was für einen Hund ausgelassenes Spiel bedeutet, tut Kindern manchmal weh – denn Welpenzähne sind spitz und Menschenhaut ist weich. Die Spiele der Kinder aber, zum Beispiel den Hund in einem Puppenwagen herumzufahren, sind für Hunde wirklich nicht lustig und zeigen ihnen höchstens, dass Kinder zukünftig besser zu meiden sind.

Hunde besitzen als hochsoziale Jagdraubtiere, die darauf angewiesen sind, sich miteinander zu verständigen, eine ganz eigene Sprache. Dabei sind ihre Lautäußerungen längst nicht so wichtig wie ihre Körpersprache. Und die wiederum

Die gleiche Sprache sprechen

Im Wesentlichen begreifen Hunde uns nicht über unser gesprochenes Wort, sondern über unsere Körpersprache, unser Stimmungsbild und unsere Mimik.

ist dem, was auch wir instinktiv körpersprachlich aussenden und empfangen, gar nicht so unähnlich. Auch wir Menschen ziehen uns zusammen und wenden den Blick ab, wenn wir Angst vor jemandem haben. Wir werten einen langen, starrenden Blick als Bedrohung. Wir richten uns auf und gehen steifer, wenn wir jemanden zu beeindrucken versuchen. Genauso wie unser Vierbeiner.

In einigen körpersprachlichen Äußerungen missverstehen wir uns jedoch gründlich:

Wir Menschen als »Primaten« lieben es, unsere Zuneigung durch Umarmungen und Festhalten auszudrücken. Deswegen sind viele Menschen entsetzt, wenn ein Hund, den sie doch nur liebevoll »drücken« wollten, sich plötzlich versteift und knurrt oder gar schnappt. Hunde als Caniden mögen körperliche Nähe durchaus und zeigen auch das sogenannte »Kontaktliegen« bei Menschen und befreundeten Artgenossen. Doch das tatsächliche Umarmen kennen sie nicht als Zeichen von Zuneigung, sondern ausschließlich als deutliche Dominanzgeste, die ihnen entsprechend unangenehm ist. Viele Hunde dulden es mit Leidensmiene, derart »in die Mangel« genommen zu werden, da sie gelernt haben, dass ihnen dadurch nichts Schlimmes geschieht. Ängstliche oder besonders durchsetzungsfähige Exemplare neigen jedoch dazu, sich gegen eine derartig »unzumutbare« Behandlung zur Wehr zu setzen.

Das größte Missverständnis zwischen Kind und Hund besteht in einer körpersprachlichen Äußerung: Ein Kind, das Angst vor Hunden hat, bleibt bei einer Begegnung mit einem Vierbeiner steif stehen und starrt das Tier an. Das Kind wagt nicht mehr, sich zu bewegen. Es blickt den Hund unverwandt an, um zu beobachten, wie der sich verhält. Der Hund deutet diese Geste jedoch völlig falsch: In der Hundesprache (und auch in unserer menschlichen) bedeuten »sich versteifen« und »anstarren« eine deutliche Drohgebärde. Hunde kennen die differenzierte Version des Angststarrens so nicht. Meist aus Unsicherheit über die angedrohte Attacke, beginnen derart angeglotzte Hunde zu bellen und ihrerseits mit aufgestelltem Fell und aufgerissenem Maul zu imponieren.

Um solchen Vorfällen vorzubeugen und möglichst viel Verständnis für die Äußerungen des vierbeinigen Familienmitglieds zu wecken, empfiehlt sich der Besuch einer guten Hundeschule. Dort sollte nicht nur den Kindern, sondern auch den Erwachsenen das Hundeverhalten erklärt werden. Körpersprache, Lautäußerungen, Agieren und Reagieren des Hundes sollten für Sie selbst, aber auch für Ihr (älteres) Kind entschlüsselbar sein.

Was heißt Rangordnung für meinen Hund?

Wer mit seinem Hund gleichberechtigt leben will, tut sich selbst und seinem Hund keinen Gefallen. Hunde, die keine Regeln und Grenzen kennen, machen bald nur noch, was sie wollen – und geraten auf diese Weise ständig mit fremden Menschen, Artgenossen und ihren Haltern in Konflikt.

Die Rangordnung, nach der Hunde leben, ist in etwa zu vergleichen mit den Strukturen, in denen wir Menschen auch leben. Es gibt niemanden, der immer und überall das Sagen hat. Daher ist die Aussage »Das ist ein dominanter Hund« nicht haltbar. Dominanz entscheidet sich immer zwischen zwei Individuen.

Sie selbst sind vielleicht bei Ihrer Arbeit »dominant«, weil Sie eine Abteilung leiten. In Ihrem Tennisverein ist jedoch Ihre Nachbarin die Vorsitzende und daher dominanter als Sie, die nur alle paar Wochen mal auf ein Spielchen vorbeischaut. Ihr Hund dominiert womöglich über Nachbars »Karlchen«. Wenn aber die große Hündin »Senta« vorbeikommt, backt er ganz schnell kleine Brötchen.

Gleichberechtigung funktioniert nicht

Hunde, die keine Grenzen und Regeln kennen, machen bald nur noch, was sie wollen.

Selbstverständlich gibt es bei Hunden auch Individuen, die so gelassen und selbstsicher sind, dass sie sehr vielen Hunden gegenüber dominant auftreten können. Andere sind so ängstlich und nervös, dass sie sich den meisten Artgenossen gleich unterordnen. Alle Verhaltensweisen haben ihre Berechtigung. Was jedoch im Zusammenleben zwischen Mensch und Hund immer klar sein sollte: Der Mensch hat das Sagen!

Eine gute Chefin sein!

Sie haben also das Sagen! Aber wie erklären Sie das dem Hund? Im Gegensatz zu den Vorstellungen von Gewalt und maßloser Strenge, die uns automatisch kommen, wenn wir an hierarchische Strukturen denken, entsteht eine gut funktionierende Rangordnung auf keinen Fall durch derartiges Verhalten.

Für Ihren Hund eine gute Chefin darzustellen bedeutet vielmehr: dem Hund Führung zu bieten, wann immer es notwendig ist. Ihm Sicherheit zu vermitteln, wenn er mit einer Situation überfordert ist. Ihm Schutz zu bieten, wenn er bedroht wird. Ihm jedoch auch Grenzen zu setzen, was seine eigenen Ideen von »Selbstverwirklichung« angeht. Mit liebevoller Konsequenz darauf achten, dass diese Grenzen eingehalten werden. Kommt Ihnen das bekannt vor? Richtig! Hundeerziehung und Kindererziehung haben einige Parallelen aufzuweisen.

Stellen Sie sich folgendes Beispiel vor: Sie selbst sind die unangefochtene Chefin in einem (Familien-)Betrieb. Ihre Kinder sind in Ihrer Firma Auszubildende. Ihr Hund ist dort jedoch der ewige Praktikant.

In der Handlungsstruktur einer gut funktionierenden Rangordnung geht es zu wie in so einem Betrieb zwischen der Chefin und dem Praktikanten: Die Chefin sagt möglichst freundlich und kollegial, wo es langgeht. Dann wird der Praktikant ihre Anweisungen auch gerne und gut gelaunt umsetzen. Natürlich darf Ihr Hundepraktikant auch mal »Vorschläge« machen. Das heißt, er darf auch mal zum Spiel auffordern, sich eine Schmuseeinheit zu ergattern versuchen oder mit treuem Blick ein Stückchen Butterbrot erbetteln wollen. All dies sind sozial motivierte Handlungen und zeigt, dass Sie eine funktionierende soziale Beziehung haben.

Wenn Ihr Hund Sie jedoch beim Spaziergang fortdauernd anbellt, damit Sie endlich den Ball werfen, sich auf dem Sofa auf Ihren Körper drängt, obwohl Sie das gerade nicht möchten, oder auch bei den Mahlzeiten am Tisch jammernd Anspruch auf »sein Essen« erhebt, läuft etwas schief. Denn letztendlich sind Sie doch die Chefin. Und ob seine »Vorschläge« umgesetzt werden, entscheiden allein Sie. Denken Sie immer daran: In einer Firma ruft auch nicht der Praktikant alle anderen zu einer Konferenz zusammen – das tut immer die Chefin!

Hunde leben in Hierarchie

Sie fühlen sich wohl, wenn wir ihnen Regeln vorgeben.

Wird mein Kind von meinem Hund als Chef akzeptiert?

Bei Kindern bis zur Pubertät ist es oft fraglich, ob der Hund das Kind als ranghöher einstuft. Es hängt vom Individuum Kind ebenso ab wie von der Persönlichkeit des Hundes. Kinder unter acht Jahren werden vom Hund nur in absoluten Ausnahmefällen als ranghoch eingestuft. Ihr Hund spürt genau, dass Ihr Kind in diesem Alter seine Belange noch nicht durchzusetzen vermag. Konsequenz und Führung fehlen jungen Kindern einfach noch. (Auch wenn Ihnen selbst das manchmal anders vorkommen mag ...) Und selbstverständlich registriert Ihr Hund auch, dass in Ihrer Familie Sie das Sagen haben und Ihre Kinder nicht nur viel jünger sind als Sie, sondern folgen müssen. Werden die Kinder älter und eigenständiger, verändert sich ihr Status in der Gesellschaft ebenso wie in den Augen des Hundes.

Demokratie zwischen Hund und Kind?

Wenn mein Kind vom Hund schon nicht als ranghöher eingestuft wird, können die beiden dann wenigstens demokratisch miteinander auskommen?

Dass gleichberechtigtes Miteinander mit einem Hund nicht ohne Konflikte möglich ist, haben wir bereits erwähnt. Das gilt selbstverständlich auch für die Beziehung zwischen Ihrem Kind und Ihrem Hund. An dieser Stelle kommen ganz massiv Sie selbst ins Spiel. Denn Ihre ranghohe Stelle berechtigt Sie dazu, Ihren Hund auch zurechtzuweisen, wenn er mit Ihren Kindern zu ruppig umgeht, sie belästigt oder »Futter« zu ergattern versucht. Stellen Sie in Ihrer Familie klare Regeln auf, was Ihr Hund bei Ihren Kindern darf und was nicht. (Wildes Anspringen? Kekse aus der Hand schnappen? Das Gesicht ablecken?) Besprechen Sie das mit Ihren Kindern. Nur wenn alle Bescheid wissen und sich daran halten, wird Ihr Hund diese Grenzen nach der Eingewöhnungszeit klar erkennen und sich daran halten.

Wie kann ich mein Kind unterstützen?

Zum einen haben Sie als ranghohe Chefin natürlich die Möglichkeit, Ihren Hund zurechtzuweisen, wenn er sich Ihren Kindern gegenüber unerwünscht verhält. Das kann ein rüdes »Nein!« ebenso sein wie ein strenger Griff ins Fell oder ein Schnauzgriff. (Wenn Sie die korrekte Ausführung dieser körperlichen Maßnahmen noch nicht kennen, wenden Sie sich an eine Hundetrainerin.) Auf keinen Fall sollten Sie zum früher oft empfohlenen »Schütteln am Nackenfell« greifen. Denn das ist keinesfalls eine Erziehungsmaßnahme, nach der auch Hundemütter greifen, sondern ein Verhalten aus dem Beutegreifen: »Totschütteln«! Und das wollen Sie doch bestimmt Ihrem Hund nicht vermitteln.

Seien Sie in der Einhaltung Ihrer aufgestellten Regeln immer eindeutig und konsequent. Ein Beispiel: Wenn Ihr Hund Ihr Kind nicht anspringen soll, ahnden Sie ein solches Verhalten IMMER, wenn er es zeigt. Loben Sie ihn, wenn er es bei der nächsten Begrüßung unterlässt.

Achtung! Besprechen Sie mit Ihren kleinen Kindern genau, dass sie die »handgreiflichen Tadel« nicht selbst ausführen dürfen! In so einem Fall kann es nämlich leicht

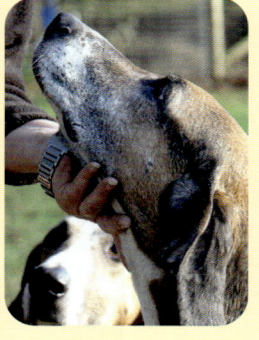

Streichelworkshop

Probieren Sie gemeinsam mit Ihrem Kind aus, welche Berührungen angenehm sind.

zum »Korrekturverhalten« des Hundes kommen und ein Abwehrschnappen hinterlässt auf Kinderhaut leicht Spuren ...

Wie kann ich meinen Hund »schützen«?

Ja, Sie haben richtig gelesen. Auch Ihr Hund könnte des Schutzes bedürfen. Denn oft ist nicht der Hund derjenige, der penetrant und übergriffig wird. Wenn Ihr Kind dazu neigt, Ihrem Vierbeiner keine Ruhe zu gönnen oder sich »lustige«, wenig hundgerechte Spielchen für den befellten Kumpel auszudenken, sollten Sie unbedingt auch Ihren Hund schützen.

Schaffen Sie Ihrem Hund einen Ruheraum (Körbchen, Zimmerecke, eine Varibox oder ein ganzes Zimmer?), in den er sich zurückziehen darf und wo er absolut ohne Ausnahme nicht gestört werden darf.

Lassen Sie niemals zu, dass Ihr Kind Ihrem Hund Futter, einen Knochen oder den Fressnapf wegzunehmen versucht. Kontrollieren Sie auch den Körperkontakt vom Kind zum Hund. Über die Frage, was fühlt sich für meinen Hund eigentlich schön an beim Streicheln, machen sich nur wenige Kinder Gedanken. Veranstalten Sie doch mal einen Streichelworkshop! Probieren Sie mit Ihrem Kind gemeinsam aus – und zwar aneinander und erstmal nicht direkt am Hund –, was sich schön anfühlt und was nicht. Das ist lustig, macht Spaß und hat zur Folge, dass Ihr Kind genau weiß, wie Ihr Hund sich fühlt, wenn es ihn auf die eine oder andere Weise berührt.

Tut es etwa gut, Haare kräftig gegen die Wuchsrichtung zu streichen? Bestimmt nicht. Auf den Kopf tätscheln? Auch ganz sicher nicht. An einem Körperteil (Arm) ziehen? Nee, auch nicht! Aber sanftes Streicheln im Nacken – oh jaaa! Ruhiges Massieren am Rücken? Toll!

Machen Sie über die gesammelten Erfahrungen Notizen, die Sie an die Kühlschranktür heften. Wenn Ihr Kind noch nicht lesen kann, tut es auch ein gemalter Hund mit rot gemalten Stellen als Erinnerung, wo es nicht schön ist, gestreichelt zu werden, und grün gemalten Stellen, wo es schön ist.

Denken Sie immer daran, dass Grenzen, die den Hund schützen sollen, und auch eine bestrafende Konsequenz bei deren Überschreitung für alle Beteiligten sehr wichtig werden können. Ein Hund, der immer geärgert und belästigt wird, über keine Rückzugsmöglichkeit verfügt, hat womöglich irgendwann keine andere Wahl mehr als zuzuschnappen. Dann haben Sie ein verletztes Kind und einen Hund, der ins Tierheim abgegeben wird ...

Mein Hund erzieht mein Kind

Diese Überschrift muss Ihnen nicht seltsam vorkommen. Denn dass der Hund die eigenen Kinder erzieht, ist für viele Eltern unter anderem ein Grund, um einen Vierbeiner anzuschaffen.

Nicht nur Spaß,

sondern auch eine Menge wichtiger sozialer Komponenten kann der Hund bedeuten.

Hunde »erziehen« Kinder zu:

- Verantwortungsbewusstsein! Denn Kinder lernen an den Vierbeinern, dass auch andere Lebewesen Bedürfnisse haben, die wir respektieren müssen und um deren Erfüllung wir uns kümmern müssen.

- geregeltem Tagesablauf! Denn Hunde brauchen einen gewissen Rhythmus in ihrem Alltag, um sich wohl zu fühlen. Sich an Zeiten für Spaziergänge und Füttern zu halten, hilft Kindern, den eigenen Tag, die eigene freie Zeit zu strukturieren.

- Konsequenz! Denn im Umgang mit dem Hund ist es notwendig, dass Regeln eingehalten werden. Geschieht dies einige Male nicht, zeigt sich dies recht bald im (meist unerwünschten) Verhalten des Hundes. So werden Ursache und Wirkung ebenso deutlich wie der Wert einer konsequenten Haltung.

- klaren Regeln! Denn Ihr Kind muss sich zunächst selbst Gedanken dazu machen: Was darf unser Hund bei mir? Darf er in mein Bett? (Wenn Sie es erlauben!) Darf er mein Gesicht abschlecken? Darf er den Rest meines Butterbrotes haben? Lassen Sie ruhig auch zu, dass Ihr Kind sich selbst damit beschäftigt, welche Regeln es für den eigenen Umgang mit dem Hund festlegen möchte.

- Freundschaft! Denn die emotionale Nähe zum Hund bleibt bei niemandem ohne Folgen. Freundschaft bedeutet sehr viel Schönes – Vertrauen, Zuneigung, viel Spaß. Aber auch, füreinander einzustehen und auch hin und wieder, zuliebe des anderen selbst auf etwas zu verzichten.

- Zärtlichkeit! Gerade im Alter der Pubertät fällt es Kindern, besonders Jungen, oft schwer, zärtliche Gefühle zu äußern. Beim Hund hat jedoch kaum jemand Hemmungen, ihn zu streicheln und zu liebkosen.

Das schöne Abenteuer Kind UND Hund meistern!

Wie ein zweites Kind

Mütter in unseren Hunde-Erziehungskursen stellen immer wieder fest: »Das ist ja als hätte ich ein zweites Kind zuhause!« Und damit haben sie in mehrfacher Hinsicht Recht.

Kinder und junge Hunde verfügen über eine kaum zu stillende Neugierde und den Drang, die Umwelt zu entdecken. Das Einschätzen von Gefahren bei diesen Erkundungstouren fällt ihnen eher schwer. Deswegen müssen Sie als Mutter und als Hundehalterin immer zur Stelle sein.

Kinder und Hunde versuchen stets, für sich selbst das Beste herauszuschlagen. Ob es das größere Stück Schokolade oder der Hundekeks ist oder schlicht Ihre Auf-

merksamkeit – beide streben nach einem möglichst angenehmen Leben mit all seiner Süße, Überraschungen und Abenteuer. Dabei gilt für Sie selbst: »Bremsen! Den Verstand einschalten! Lenken!« Denn was für Ihr Kind das Zähneputzen ist, ist für Ihren Vierbeiner die Leinenführigkeit. Und immer sind Sie gefragt, um auch »unangenehme« Dinge durchzusetzen, die zum Besten Ihrer Schutzbefohlenen sind. Die Einstellung, dass Sie als Mutter Ihren Hund im Grunde auch wie »ein Kind« behandeln sollten, ist tatsächlich über weite Strecken zu befürworten.

Regeln aufstellen und einhalten

Kinder wie Hunde brauchen für eine gesunde Entwicklung Regeln in ihrem Alltag. Kinder müssen diese Regeln erfahren, um sich später in unserer Gesellschaft mit all ihren unausgesprochenen Verhaltensregeln zurechtfinden zu können. Sie müssen lernen, wie sie sich anderen Menschen gegenüber oder in fremdem Umfeld benehmen sollten. Was von der sozialen Umgebung als wünschenswert, was als merkwürdig und was als ein »No-go!« empfunden wird.

Hierzu sind Grenzen notwendig, die nicht überschritten werden dürfen. Durch das Ausloten dieser Grenzen, seltenes Überschreiten (und dafür Tadel einfangen) und schließlich das Akzeptieren wird Kindern der Rahmen geboten, in dem sie ein harmonisches Leben in unserer sozialen Gemeinschaft führen können.

Mit Hunden ist es ganz ähnlich. Auch sie testen Grenzen aus, wollen wissen, was erlaubt und was verboten ist. Im Gegensatz zu dem, was häufig behauptet wird, suchen Hunde dadurch nicht den Konflikt mit ihren Menschen. Sie versuchen herauszufinden, wie weit sie in ihrem Vorhaben, für sich selbst das Bestmögliche rauszuschlagen, gehen können. Das Bestmögliche bedeutet jedoch für Ihren Hund auch der konfliktfreie, möglichst harmonische Umgang mit Ihnen und der ganzen Familie.

Wenn in Ihrer Familie für den Hund klare Regeln festgelegt werden, auf deren Einhaltung alle Familienmitglieder achten, weiß Ihr Vierbeiner um seine Stellung und seinen »erlaubten Wirkungskreis«. Das gibt ihm Sicherheit und Gelassenheit. Gute Grundlagen für ein entspanntes, glückliches Hundeleben.

Stellen Sie sich einmal eine perfekte Chefin vor! Das ist bestimmt nicht diejenige, die cholerisch herumbrüllt, mit der Faust auf den Tisch schlägt oder heimlich hinter dem Rücken ihrer Mitarbeiter mobbt.

Wir alle wünschen uns als Chef – egal ob Mann oder Frau – einen Menschen mit Rückgrat, auf den wir uns verlassen können und dessen Wort wir vertrauen. Der

Die perfekte Chefin

ist souverän, berechenbar und gerecht.

Regeln aufstellen
und beachten

Wer darf was?
Machen Sie sich im
Vorfeld Gedanken.

berechenbar und gerecht ist. Der Fehler zwar sieht, aber nicht durch harte Bestrafung, sondern durch Wiederholung der Aufgabe und dann bei Gelingen mit Lob reagiert. Souveränes Auftreten macht Sie zu einer guten, vertrauenswürdigen Chefin für Ihren Hund.

Was darf mein Hund bei meinem Kind und andersrum? Dass das Miteinander zwischen Kind und Hund nicht immer und in allen Fä(e)llen automatisch problemlos ist, hatten wir bereits geklärt. Welche Regeln sollten Sie im Zusammenleben beachten? Worüber sollten Sie sich im Vorfeld Gedanken machen?

Regel: Zuwendung UND Loslassen als Freundschaftsbeweis

In der Regel fühlen Kinder sich zu »ihrem« Hund hingezogen wie zu einem Freund, der gleichzeitig auch Kuschelpartner sein kann. Sie lernen schließlich schon früh, dass Zuwendung ein Freundschaftsbeweis ist und bringen sie dem vierbeinigen Kumpel gerne und zu jeder Gelegenheit entgegen.

Viele Kinder fühlen sich dann zurückgestoßen und undankbar behandelt, wenn ihr Freund auf vier Pfoten, der gerade noch mit ihnen begeistert über die Wiese getobt ist, sie eiskalt stehen lässt, sobald ein Artgenosse auftaucht. Sie möchten gern mitmischen – was jedoch nicht erlaubt werden sollte. In diesem Fall dürfen Sie ruhig ein bisschen vermenschlichen. Malen Sie beispielsweise aus, wie wenig lustig es wäre, wenn Ihr Hund an der nächsten Kindergeburtstagfeier teilnähme, die Geschenke »auspacken« und ganz allein den Kuchen auffressen würde. Freundschaft zwischen Mensch und Hund bedeutet eben nicht, dass wir alles miteinander teilen können. Zuwendung ist wichtig, ebenso aber auch, im richtigen Augenblick mal los assen zu können.

Regel: Mein Hund im Kinderbett

Haben Sie als Kind nicht auch davon geträumt, einen weich befellten, schmusigen Bettgesellen zu haben? Wieso sind Sie dann nicht begeistert, wenn Ihr Hund im Bett Ihres Kindes schläft? Viele Hunde lieben es, mit im Bett zu schlafen. Für unsere sozialen Haustiere ist das sogenannte »Kontaktliegen« ein Zeichen für Zusammengehörigkeit. Sie genießen es, mit uns gemeinsam die Nachtruhe zu verbringen. Und bei vielen Hunden wäre tatsächlich nichts dagegen einzuwenden, wenn Ihr Kind und Ihr Vierbeiner nachts kuscheln.

Abgesehen vom zu erwartenden Schmutzaufkommen im Kinderbett, welches keineswegs gesundheitsschädlich ist, allerdings bei frisch bezogenen Betten einfach ärgerlich, spricht nur eins gegen so ein Abkommen: Sollte Ihr Hund bereits tagsüber versuchen, sich Ihnen oder Ihrem Kind gegenüber zu viel herauszunehmen, wäre es unklug, ihm dieses Bett-Privileg zuzugestehen. Wenn Ihr Hund dazu neigt, allzu selbstbewusst seine Interessen zu vertreten, sollten Sie ihm nachts einen Platz zuweisen, an dem er schlafen kann – und das sollte dann kein Bett sein.

Wenn Sie aus diesem oder besagtem Schmutz-Grund nicht wollen, dass Ihr Hund im Kinderbett nächtigt, gibt es ja auch immer noch die Alternative: Schmusen auf dem Teppich. Und das gefällt den meisten Kindern und Hunden gleichermaßen.

Regel: Wie viel Küsschen ist erlaubt?

Wir Menschen möchten Lebewesen, die wir lieb haben, umarmen und küssen und ihnen somit zeigen, wie sehr wir sie schätzen. Daher ist es leicht passiert, dass Ihr Kind Ihren Hund aus lauter Begeisterung aufs Fell oder die Nase küsst. Im Gegenzug sind viele Hunde auch nicht zimperlich mit ihren feuchten Liebesbezeugungen und rasch mit der Zunge am Ohr oder im Gesicht ihres Menschen unterwegs.

Da Sie solch feuchtfröhliche Übergriffe gar nicht verhindern können, sollten Sie darauf achten, dass Ihr Hund regelmäßig entwurmt wird. Dazu reicht es, etwa alle

drei Monate beim Tierarzt eine Entwurmungstablette abzuholen und sie dem Hund zu verabreichen. Wenn Sie das Ganze schonender angehen wollen, können Sie auch in diesen Zeitabständen ein gut verpacktes Häufchen zum Tierarzt tragen und dort auf Würmer untersuchen lassen. Die meisten Befunde werden negativ ausfallen – und so müssen Sie Ihren Hund nicht mit der Chemiekeule belasten.

Davon abgesehen müssen Sie Krankheitsübertragungen vom Hund auf Ihr Kind nicht großartig fürchten. Natürlich können Hunde auch Viren oder Bakterien übertragen. Das funktioniert jedoch auch genauso umgekehrt. Daher sollten Sie darauf achten, dass Schmuseeinheiten während einer heftigen Infektion auf Kinder- oder auf Hundeseite aufs Kraulen beschränkt bleiben.

Regel: Ignoranz einsetzen und erkennen

Erklären Sie Ihrem Kind, wie es Ihren Hund ignorieren soll, wenn er sich angewöhnt hat, Streicheleinheiten oder gemeinsames Spiel auf unerwünscht penetrante Weise einzufordern.

Ignorantes Verhalten Ihres Hundes dem Kind gegenüber können Sie nicht ändern. Es ist lediglich ein Zeichen dafür, dass der Vierbeiner Ihr Kind nicht als ranghöher akzeptiert. Bindungsfördernde Spiele (siehe oben) und Ignoranz durch Ihr Kind dem Hund gegenüber kann dieses Verhältnis über die Zeit jedoch auch wandeln. Ihr Hund wertet diese Ignoranz vonseiten des Menschen als ein Zeichen für Souveränität und hohen Rang. Sie schließen sich gern den Menschen an, die herrlich ignorieren können!

Regel: Fremde Hunde sind nicht unser Hund

Diese Frage ist besonders dann berechtigt, wenn Sie einen Hund haben, der sich von Ihrem Kind alles gefallen lässt. Ein geduldiger Hund, der auch Knuddeleien freundlich über sich ergehen lässt oder in wilden Rennspielen gerne mal »das Kaninchen gibt«, vermittelt Ihrem Kind natürlich viel wünschenswertes Vertrauen. Das sollte jedoch nicht auf fremde Hunde übertragen werden. Und genau das fällt vielen Kindern schwer. Sie glauben zu wissen, wie »ein Hund reagiert« – wissen jedoch nur, wie ihr eigener mit ihnen umgeht.

Daher passiert gerade mit diesen Kindern häufig Unfälle, da sie zu vertrauensvoll an fremde Hunde herangehen, sie einfach streicheln, umarmen oder zum Spielen auffordern – ohne das mit dem Hundebesitzer abzusprechen.

Spielen Sie mit Ihrem Kind und Ihrem Hund mal ein Spiel: »Du triffst auf der Straße einen fremden Hund!« Wie sollte Ihr Kind mit einem Hund umgehen, der vor einem Laden angebunden ist? Hier üben Sie das einfache Vorbeigehen, vielleicht mit einem nebensächlichen »Na, du?«.

Wie kann Ihr Kind abklären, ob es einen fremden Hund streicheln darf? Sie üben mit ihm das Ansprechen des fremden Hundehalters und die Frage, ob der Hund angefasst werden will.

Und wie streichelt man denn eigentlich einen Hund, den man gar nicht kennt? Auf keinen Fall mit der Hand von oben auf den Kopf patschen. Sondern: Erst mal vorsichtig die Hand hinhalten, so dass der Hund daran schnuppern kann. Erst dann langsam von unten ein bisschen am Hals streicheln oder sanft an der Seite langfahren. Sie können solch eine Situation mit Ihrem Familienhund durchspielen.

Dominanz durch Ignoranz

funktioniert auch bei Kind und Hund.

Regel: Mein Hund ist kein Kindermädchen

Ideale Voraussetzungen sind es, wenn Ihr Hund Ihr Kind liebt und sich im Umgang mit ihm geduldig und immer freundlich zeigt. In so einem Fall können Sie entspannt den Umgang der beiden miteinander betrachten. Vieles läuft dann wie von selbst, ohne dass Sie eingreifen müssen. Herrlich. So ein Team wünscht sich jede

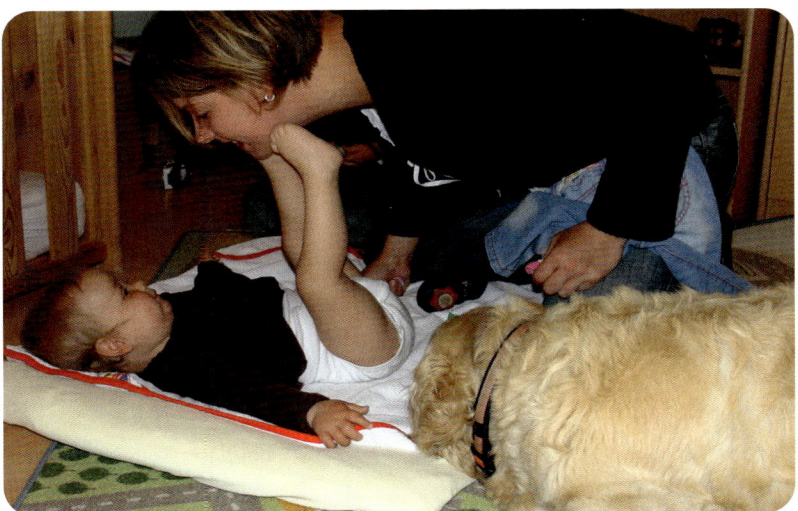

Mutter mit Hund. Allerdings gilt auch hier: Vertrauen ist gut, Kontrolle ist besser. Lassen Sie Ihre kleineren Kinder mit dem Hund nicht allein. Zum einen können auch hundevertraute Kinder auf Spielideen kommen, die Hunden nicht angenehm sind und gegen die die Vierbeiner sich dann zur Wehr setzen. Zum anderen unterliegen auch Kind-Hund-Beziehungen einer Entwicklung und Veränderung. Was Ihr Hund vor zwei Monaten noch klaglos hinnahm, mag er jetzt vielleicht nicht mehr. Was Ihr Kind noch vor einem halben Jahr nicht getan hätte, reizt jetzt doch umzusetzen. Und was ist mit älteren Hunden? Genau wie wir Menschen, ist ihr Nervenkostüm nicht mehr so sicher wie bei einem jüngeren Tier. Sie kennen auch rheumatische oder ähnliche Erkrankungen, bei denen Berührungen, die sonst immer okay waren, plötzlich sehr weh tun und eine Abwehrreaktion auslösen.

Sie sehen, uns ist wichtig zu betonen: Kinder und Hunde gehören zusammen – aber nicht ohne Ihre Kontrolle!

Positive Bestärkung führt zu guter Erziehung

Ein Hund muss erzogen werden

Erziehung hat jedoch nichts mit Dressur zu tun.

Natürlich muss Ihr Hund erzogen werden. Und Erziehung hat gar nichts mit der beim Hund früher so genannten und auch so gemeinten »Dressur« zu tun. Erziehung bedeutet im Grunde nichts weiter als ein Individuum einzugliedern in sein soziales Umfeld.

Deutlich zu machen, was erwünscht und was unerwünscht ist, geht auf zwei verschiedene Arten: Negative Verstärkung wird immer dann eingesetzt, wenn der Hund einen Fehler macht und zwar so lange, bis er damit aufhört. Fortan wird er den Fehler vermeiden und wenn man Glück hat, formt sich daraus auch das Verhalten, das man eigentlich wollte.

Positive Verstärkung belohnt das gewünschte Verhalten mit Futter, Spiel und Aufmerksamkeit. Da die meisten Hunde vor allem diese drei Komponenten von ihrem Menschen wünschen, lernen sie rasch: »Wenn ich ein bestimmtes Verhalten zeige, erhalte ich das, was ich haben möchte. Also tue ich das doch wieder.« Und wieder.

Bis sich ein solches Verhalten ritualisiert hat und der Hund es quasi »im Schlaf« genau so tut wie wir Menschen es gern hätten. Dann muss auch nicht mehr permanent das Futter winken. Das erwünschte Verhalten ist so in den Alltag integriert, dass es auch ohne Belohnung gezeigt wird.

Stellen Sie sich vor, Ihr Kind hat die Aufgabe, den Mittagstisch für die Familie zu decken. Vergisst es das einmal, wird es wüst beschimpft. Natürlich wird es zukünftig darauf achten, diesen Fehler nicht noch einmal zu begehen. Doch vielleicht unterlaufen ihm vor lauter Angst dabei Fehler, Gläser gehen zu Bruch. In so einer Atmosphäre hat niemand mehr Appetit. Viel angenehmer für alle Beteiligten ist es doch, dem Kind freundlich für seine Mithilfe zu danken und es für eigene kleine Ideen, wie hübsch gefaltete Servietten, besonders zu loben. Der Anreiz der positiven Bestärkung ist sehr viel eindrucksvoller und ermöglicht ein entspannteres, einprägsameres Lernen als die Bestrafung für die Unterlassung, denn Lernen funktioniert ohne Angst einfach besser.

Ein Beispiel aus dem Hundetraining: Ihr Hund soll bei Fuß gehen. Sie haben die Möglichkeit, ihn jedes Mal, wenn er zu weit vorn geht, mit einem schmerzhaften Leinenruck zurückzureißen und ihn auszuschimpfen. Diesen heftigen (für Hunde übrigens unverständlichen und daher unberechenbaren) Tadel lernt Ihr Hund zu fürchten und bleibt daher in der Position neben Ihnen, die Sie möchten. Aber: Fühlen Sie sich dabei wohl, wenn Ihr Partner auf vier Pfoten neben Ihnen her schleicht wie ein geprügeltes Etwas?

Die andere Möglichkeit des Fußtrainings ist: Sie locken Ihren Hund mit einem leckeren Futterbrocken in die Position, die Sie gern hätten. Dazu sagen Sie ihm freundlich das Hörzeichen »Fuß«. Nach ein paar Schritten, die er richtig »Fuß« gegangen ist, bekommt er den Futterbrocken. Konzentriert sich aber gleich wieder auf den nächsten, den Sie schon »nachgeladen« haben. Wann immer Ihr Hund in der richtigen Position neben Ihnen geht, loben Sie ihn, sprechen freundlich mit ihm und belohnen ihn mit Futter. Über ein paar Wochen auf diese Weise trainiert, lernt jeder Hund, wo es sich lohnt, neben seinem Menschen zu gehen.

Ihr eigenes Gefühl dabei ist ein positives, freundliches. Ihr Hund lacht sie von unten herauf an und Sie können stolz sein, ohne jegliche Gewalteinwirkung eine schwierige Übung hinbekommen zu haben.

So oder so: Positive Bestärkung fördert das Lernen! Und es fühlt sich angenehm an – für denjenigen, der lernt und für diejenigen, die lehren.

Liebevolle Konsequenz

Immer geht's natürlich nicht mit ausschließlich positiver Verstärkung.

Was sollen Sie zum Beispiel tun, wenn Ihr Hund die Yuccapalme ausgräbt? Ihn etwa ignorieren – um eine gute Chefin zu sein? Oder ihn ganz doll loben, wenn er aufgehört hat – um ihn positiv zu bestärken? Nein. Natürlich gehört in so einer Situation ein Tadel her.

Wenn Sie wie ein Gewitter herbei gedonnert kommen und den Hund mit einem gewaltigen »Schluss damit!« anknurren, macht das auf ihn mächtig Eindruck. Womöglich drängen Sie ihn mit Ihrem Körper noch aus der Yuccapalmen-Gefahrenzone. Das Ganze funktioniert ohne die geringste Berührung ihrerseits.

Sobald der Übeltäter jedoch weicht, etwa auch noch Demutsverhalten zeigt, indem er sich klein macht und wegduckt, sollte Sie ihn links liegen lassen und lieber die Erde auf dem Boden beseitigen. Hat Ihr Hund ein paar mal so eine »Naturgewalt« erlebt, reicht später schon ein einziges »Schluss« oder ein geknurrtes »Nein!«, um ihn davon zu überzeugen, dass er besser lässt, was er gerade vorhat oder wobei Sie ihn erwischen.

Dass Ihr Hund auf ein »Nein« entsprechend reagiert, kommt nicht von ganz allein. Dafür müssen Sie etwas tun. Genauso wie Sie bei Ihrem Kind liebevolle Konsequenz walten lassen sollten.

Benimmt sich Ihr Kind im Restaurant daneben, indem es mit Essen um sich wirft, und Sie sagen ihm: »Wenn du das nicht lässt, darfst du gleich keine Sesamstraße gucken!«, sollten auch entsprechende Konsequenzen folgen. Bleibt das Essen auf dem Teller: Sesamstraße! Wird weiter »gespielt«: Keine Sesamstraße!

Sind Sie in der Umsetzung der angedrohten Strafe inkonsequent, untergraben Sie Ihre Glaubwürdigkeit und erreichen bei der nächsten Strafandrohung erstrecht nichts mehr. Genauso verhält es sich mit Ihrem Hund. Hört er ein »Nein!« (er will in der Küche den Müll ausräumen) und er kramt dennoch weiter, es geschieht jedoch nichts für ihn Schlimmes, ergibt sich für ihn der logische Schluss: Ein »Nein« muss ich nicht beachten, es bedeutet im Grunde nichts.

»Nein!«

Die Bedeutung dieses Wortes muss Ihr Hund durch eine darauf folgende Konsequenz lernen.

Hört er jedoch das »Nein« und kramt weiter UND DANN geht das schon vertraute Donnerwetter los, eventuell noch mit einem Schnauzgriff kombiniert, wenn er die Mülltüte nicht loslassen will, DANN verknüpft sich das »Nein« mit dem Tadel. Das »Nein« wird für ihn zu einem Achtung-Wort. Eine Warnung. Damit sagen Sie ihm: »Hör auf mit dem, was du gerade tust oder vorhast. Sonst passiert etwas für dich Unangenehmes!« Und so funktioniert konsequente Erziehung. Denken Sie jedoch immer daran, dass ein Tadel dem Vergehen angemessen und für den Hund verständlich sein muss. Zusammengerollte Zeitungen, mit denen zugehauen wird oder Hundenasen, die in Pippi getaucht werden, sollten mittlerweile wirklich der Vergangenheit angehören. Das Wichtigste beim Tadel ist Ihr selbstbewusstes Auftreten! Noch ein Kind-Hund-Vergleich gefällig? Zerstört Ihr Kind mutwillig das Spielzeug eines anderen Kindes, muss es dies von seinem Taschengeld ersetzen. Das ist eine gerechte, angemessene Strafe und tut auch entsprechend »weh«. Zerstört Ihr Hund jedoch Ihre schönen neuen Schuhe, bringt es nichts, ihm die kommenden Wochen weniger Futter zu geben, damit er die Schuhe mit seinem Futtergeld ersetzt. Bei der Schuhvernichtung hilft im Falle des inflagranti Ertappens ein energisches Auftreten, ein vernichtend geknurrtes »Naaaain!« in Kombination mit einem Schnauzgriff. Im Falle, dass Sie erst später die zerrupfte Sandale finden und Ihr Hund sich bereits woanders aufhält, können Sie einen Tadel getrost vergessen. Er würde Ihr Schimpfen nicht mit seiner Tat in Verbindung bringen – egal wie oft Sie ihm den zerstörten Schuh vor die Nase halten. Und damit sind wir bei den gravierenden Unterschieden zwischen Kinder- und Hundeerziehung ...

Unterschiede in der Kinder- und Hundeerziehung

Natürlich gibt es zwischen Kinder- und Hundeerziehung nicht nur Parallelen, sondern auch wichtige Unterschiede. Die sollten Sie genauso kennen wie die Gemeinsamkeiten.

Ein gravierender Unterschied ist der Einsatz von Lob und Tadel, welche beide beim Hund zeitlich sehr nah an der entsprechenden Tat gegeben werden müssen.

Wenn Ihr Kind sich in der Schule nicht benommen hat und Sie erhalten einen Anruf der Lehrerin, kann Ihr Kind Ihre Zurechtweisung selbstverständlich mit der Prügelei im Klassenzimmer in Verbindung bringen. Aber genau diese Selbstverständlichkeit trifft beim Hund überhaupt nicht zu.

Ihr Vierbeiner kann keinen Tadel mit seiner Handlung in Verbindung bringen, die länger zurückliegt. »Länger« kann in der Hundewelt auch ein paar Sekunden bedeuten. Solche Zusammenhänge können wir unseren Tieren nicht verständlich machen. Daher ist es so immens wichtig, Lob und Tadel zeitlich genau auf eine Handlung zu setzen.

Wenn wir jedoch so deutlich auf diesen Unterschied hinweisen, sollten wir auch nicht unerwähnt lassen: Auch wir Menschen lernen rascher, wenn wir unmittelbar WÄHREND unseres Tuns gelobt oder getadelt werden. Ein nachträgliches Erklären kommt zwar ebenso bei uns an. Doch beim Einschalten des Intellekts (»Ich werde jetzt gelobt für etwas, das ich vor ein paar Tage getan habe.«) lernen wir mit weniger Freude und Eifer und deswegen langsamer.

Ein andere Unterschied findet sich natürlich in der Möglichkeit, dass Sie Ihrem Kind Ihre Entschlüsse erklären und so argumentieren können. Da unsere Hunde unsere Sprache nicht beherrschen, können wir Ihnen auch nicht unsere Entscheidungen auseinanderlegen oder mit ihnen Kompromisse aushandeln.

Stellen Sie sich vor: Sie sind draußen mit Ihrem Hund unterwegs, haben noch einen Termin, er möchte aber lieber noch ein bisschen in der Wiese schnuppern oder mit einem Kumpel spielen. Sie rufen ihm zu: »Hey, wenn du jetzt sofort zu mir zurückkommst, darfst du morgen ein bisschen länger frei laufen. Aber jetzt gerade bin ich in Zeitdruck und muss deswegen schnell nach Hause.« – ehm … Sie wissen es selbst: Ihr Hund wird sich auf so einen Deal nicht einlassen. In so einer Situation hilft es viel mehr, wenn Sie ihm ein gutes Rückruf-Signal auftrainiert haben und er auf Ihr »Hier!« direkt zu Ihnen geschossen kommt. Den Trost des morgigen längeren Spiels sollten Sie sich dann lieber nur denken – zumindest, wenn Sie sich in Hörweite weiterer Menschen befinden.

Und wenn ich Fehler mache?

Sobald Sie dieses Buch bis zur letzten Seite gelesen haben, werden Sie einiges mehr wissen als viele andere Mütter mit Hund.
Sie werden wissen, was wichtig ist bei der Wahl des richtigen Hundes für Ihre ganz spezielle Familie. Sie wissen, wie Ihr Hund mit einem Baby umgehen sollte, wie er Kinder einschätzt und welche Spiele Ihre Schützlinge miteinander spielen dürfen.

Hunde sind soziale Lebewesen

mit Bedürfnis nach Ruhe.

Aber, werden Sie sich fragen, gibt es möglicherweise Fehler, die Ihnen im Umgang mit Kind und Hund unterlaufen könnten? Wir können Sie beruhigen. Wenn Sie diese Seiten aufmerksam gelesen haben, erklären sich die beiden großen Kardinalfehler bereits von selbst:

● Sie verlangen von Ihrem Kind dem Hund gegenüber Pflichterfüllung und Konsequenz. Der schlimmste Fehler, den Sie in dieser Beziehung also machen könnte, wäre: selbst inkonsequent sein. Halten Sie sich an aufgestellte Regeln. Dann tun Ihr Kind und Ihr Hund es auch.

● Ebenso wäre es fatal, die Belange des Kindes immer über die des Hundes zu stellen. Auch Ihr Hund hat Rechte. Zum Beispiel sollte er sich in Ruhe zurückziehen dürfen, wenn ihm der Trubel der Kinder zu viel wird. Er ist ein soziales Lebewesen mit eigenen Bedürfnissen, die Sie erkennen und erfüllen sollten. Dazu gehört unbedingt, Übergriffe auf den Hund (sei es nun Ihr eigenes oder ein fremdes Kind oder auch ein erwachsener Besucher) zu erkennen und ihm beizustehen. Ihr Hund muss nicht alles erdulden, was Menschen gern mit ihm anstellen würden.

Was Kind und Hund GEMEINSAM tun können

Oft werden wir in unseren Hundeschulen von Müttern gefragt, wie sie ihre Kinder in die Hundeerziehung einbeziehen können.

Manche Eltern stellen sich vor, dass die Kinder den Wunschhund selbstständig erziehen können und sind frustriert, wenn dieser Versuch kräftig misslingt.

In der Grunderziehung des Hundes können jüngere Kinder – ihrem Status und ihrer mangelnden Führungsfähigkeit entsprechend – nicht viel ausrichten. Das müssen Sie selbst übernehmen. Natürlich spricht nichts dagegen, dass die Kinder hin und wieder auch ein Sitz oder Platz verlangen und den Hund für eine korrekte Ausführung belohnen.

Ältere Kinder, etwa ab dem 14. Lebensjahr (bei Ausnahmen auch jünger), können durchaus Teile der Hundeerziehung übernehmen und darin sehr erfolgreich sein. In einem gut geleiteten Erziehungsgrundkurs sind Jugendliche ebenso willkommen wie Erwachsene. Hier lässt die geistige Beweglichkeit der jungen Hundebesitzer und ihre Fähigkeit, sich rasch auf die Anweisungen der Trainerin einlassen zu können, so manchen erwachsenen Kursteilnehmer blass aussehen.

Erziehungs-aufgaben

Ältere Kinde können erfolgreich Teile der Hundeerziehung übernehmen.

Egal, ob Ihr Kind in der Grunderziehung des Hundes mitwirken darf/kann oder nicht, gibt es Möglichkeiten, wie Kind und Hund gemeinsam Freizeit mit viel Spaß verbringen können:

Suchspiele

Unsere Hunde lieben es, wenn wir ihnen im Haus oder Garten kleine Futterbrocken verstecken. Das wäre auch ein Spiel, das ein junges Kind mit dem eigenen Hund hervorragend spielen kann.

Hierbei wird der Hund zunächst an eine Wartestelle gebracht. Vielleicht das Gästebad. Oder sein Körbchen, in dem er auch dann bleibt, wenn rund um ihn etwas Spannendes geschieht. Dann versteckt Ihr Kind im Haus eine Handvoll Futterbrocken (Achtung! Soll dieses Spiel öfter auf dem Tagesplan stehen, müssen diese Leckerbissen von der normalen Futterration abgezogen werden!). Kennt der

Hund das Spiel noch nicht, sollten die Verstecke recht einfach sein. Es ist auch hilfreich, ihn beim ersten Suchen zu begleiten und zu zeigen, wo er etwas Leckeres finden kann, sozusagen »Tipps« zu geben.

Nach ein paar Tagen der Spielwiederholung dürfen die Verstecke immer schwieriger werden, so dass der Vierbeiner sich schon mal richtig Mühe geben muss, um an die Brocken ranzukommen. Das Leckerchensuchspiel wird von allen Hunden geliebt und ist für Kinder nicht schwierig auszuführen.

Der Bezug zum Spielpartner Kind ist hierbei für den Hund jedoch nicht so deutlich wie bei anderen Spielen. Die Belohnung für sein Suchen erhält er ja, indem er das Futter findet. Dass Ihr Kind diese kleine Beute versteckt hat, ist ihm in dem Augenblick ziemlich egal. Für mehr Bezug zum Spielpartner eignen sich etwa:

Apportierspiele

Das Zurückbringen und Abgeben von Gegenständen können Sie schon im Welpenalter mit Ihrem Hund üben: Kommt das Fellknäuel mit einem Spielzeug im Fang zu

Ihnen, loben Sie ihn ganz doll. Wenn Sie ihm das Spielzeug abnehmen wollen, tun Sie das freundlich, aber bestimmt. Manchmal können Sie mit Ihrem Hund tauschen, indem Sie ein gleichwertiges Spielzeug oder einen Futterbrocken zur Hand haben. Meistens jedoch sollte auf das Ausgeben von Spielzeug eine soziale Bestärkung erfolgen, das heißt: Das Spiel fängt wieder von vorne an. Der Ball wird wieder geworfen oder »versteckt« sich irgendwo in Ihren Händen. Hierbei sollten Sie einfallsreich und unberechenbar sein. Ihr Hund möchte Abenteuer und Spannung. Spielen Sie immer mal wieder anders mit ihm – Hauptsache, das Spiel geht nach dem Ausgeben sofort wieder weiter. So lernt Ihr junger Hund gleich: »Abgeben von Beute lohnt sich!«

Dazu ist er nämlich – so rein nach dem Hundeknigge – nicht verpflichtet. Im Grunde wäre es sein gutes Recht, mit seinem ergatterten Spielzeug auf und davon zu gehen. Hat er jedoch einmal gelernt, dass Abgeben sich lohnt, fällt das Apportieren auch nicht schwer: eine von Ihnen geworfene oder versteckte »Beute« (z.B. ein Spielzeug oder ein Futter-Dummy) zu suchen, aufzunehmen, zu Ihnen zurückzubringen und dann für das Abgeben eine Belohnung zu erhalten.

Einmal richtig gelernt, ist das Apportieren etwas, das Ihrem Hund auch mit Ihrem Kind als Spielpartner gut gefällt. Je nach Team kann sich hieraus auch eine wünschenswerte Konsequenz für die Rangordnung zwischen Kind und Hund ergeben: Setzt das Kind sich bei diesem Spiel gut durch und besteht auf die Einhaltung der Regeln, hat solches Spielen auch Einfluss darauf, wie gut der Hund insgesamt den jungen Familienmitgliedern gehorcht.

Eingreifen sollten Sie jedoch, wenn Ihr Hund im Apportierspiel Ihr Kind zu manipulieren versucht. Das geschieht meist zunächst unterschwellig, indem der Hund mehr und mehr die Kontrolle über das Spiel übernimmt. Entscheidet er etwa, ob er den Ball wieder hergibt? Holt er ihn hin und wieder nicht, wenn er gerade etwas anderes wichtiges zu erledigen hat? »Besteht« er darauf, noch weiter zu spielen, wenn Ihr Kind eigentlich aufhören will? Beginnt er, Ihr Kind zum gemeinsamen Spiel aufzufordern, indem er den Apportiergegenstand bringt, bellt oder kratzt? In so einem Fall muss wieder Ordnung ins Spiel! Denn auch hier gilt die klare Regel: Der Mensch beginnt die Aktion und der Hund darf darauf reagieren!

Manipulation durch gemeinsames Spiel (und die daraus erwachsenden Konsequenzen für die Rangordnung) kann selbstverständlich auch bei uns Erwachsenen auftreten!

Kontrolle

Der Hund darf nicht die Kontrolle über das Spiel bekommen.

Kunststückchen

Was allen Kindern Spaß macht (uns Erwachsenen in der Regel ebenso, aber wir geben das nicht so freimütig zu), ist die Möglichkeit, dem Hund ein paar zirkusreife Kunststückchen beizubringen.

Das Pfötchengeben ist ja bereits klassisch. Doch dabei fängt das Repertoire ja erst an! Mit Hilfe von kleinen Belohnungsbröckchen ist dem eifrigen Vierbeiner vieles beizubringen. Da diese Art des gemeinsamen Spiels besonders attraktiv ist und die Bindung zwischen Kind und Hund durch den unmittelbaren Kontakt positiv beeinflusst, möchten wir Ihnen einige Beispiele nennen, die auch für Kinder geeignet sind.

● Sprung durch den Reifen

Beliebt sind Sprünge durch den Hula-Hoop-Reifen. Dieses Requisit aus dem Kinderzimmer wird zunächst auf den Boden gestellt und der Hund darf hindurchlaufen. Auf der anderen Seite wartet ein Leckerchen. (Manche Hunde wollen schlau sein und lieber den Weg außen herum nehmen. Da ist Geduld angesagt!) Hat der Vierbeiner das kapiert, kann der Reifen ein wenig über den Boden gehalten werden. Je nach Größe des Hundes kommt es früher oder später zum ersten richtigen »Sprung« – der natürlich mit Begeisterung und besonders attraktiver Belohnung begrüßt werden muss. Ist die erste Hemmung überwunden, ist der Schritt zum richtigen Zirkussprung durch den Reifen nicht mehr weit. Als Hörzeichen bietet sich hier ein »Durch!« an.

● Zick-Zack-Laufen

Ohne Requisit kommen Kind und Hund aus, wenn der Hund »Zick Zack durch die Beine« lernen soll. Da der Hund bei diesem Kunststück durch die Beine läuft, eignet es sich nicht für kleine Kinder mit großen Hunden – sonst wird eher ein unfreiwilliges Eselreiten daraus. Die Startposition sieht so aus: Ihr Kind steht aufrecht neben dem Hund, der sich in der Fußgrundstellung (mit dem Kopf etwa auf Höhe des linken Beines) befindet. Das rechte Bein wird in einem großen Schritt vorgestellt.

Dann wird der Hund mit der rechten Hand, in der sich ein Leckerchen befindet, von hinten durch die Beine gelockt. Ist er drüben angekommen, erhält er den Belohnungsbrocken. Dann wird das linke Bein vorgestellt und die linke Hand lockt den Hund nun wieder zurück durch die Beine. Nach ein paar einzelnen Schritten, können auch zwei oder drei hintereinander gewagt werden. Schließlich kennt der Hund dieses Spielchen und läuft den Zick-Zack-Kurs problemlos auch ein paar Meter, bevor er seine Belohnung erhält. Immer wenn der Hund durch die Beine läuft, wird einmal »Zick« gesagt, läuft er zurück, ist das »Zack«.

● Sprung übers Bein

Ähnlich wie der Sprung durch den Reifen, wird der Sprung übers Bein aufgebaut. Am besten lässt sich das im Sitzen üben. Der Hund auf der einen Seite der Beine wird mit einem Leckerchen über ein ausgestrecktes Bein gelockt. Zuerst nur niedrig, bald immer höher bis er einen richtigen Hopser machen muss. Beherrscht er das, kann dieses Kunststückchen auch im Stehen probiert werden. Mit Anlauf (für den Hund, versteht sich) macht es besonders viel Spaß. Als Hörzeichen beim Sprung eignet sich ein »Hopp!«.

● Dreh dich!

Sehr niedlich ist auch das Drehen auf der Stelle anzusehen. Auch hierzu wird zunächst ein Leckerchen benötigt. Der Futterbrocken wird dem (stehenden) Hund vor die Nase gehalten. Dann wird der Hund mit dem Leckerchen einmal im Kreis gelockt. Im Anschluss erhält er die Belohnung. Dazu sagte man ein fröhliches »Dreeeeh dich!«, so dass der Vierbeiner es später auch ohne Futterhand erkennen kann, was von ihm gewünscht wird. Achtung! Es gibt »linksdrehende« und »rechtsdrehende« Hunde. Probieren Sie gemeinsam mit Ihrem Kind aus, ob es dem Hund angenehmer ist, sich nach links oder nach rechts zu drehen. Den meisten Hunden ist ihre Vorliebe problemlos anzumerken, indem es in ihre »Lieblingsdrehrichtung« einfach viel schneller und geschmeidiger geht.

● Rum um den Baum

Das Gleiche gilt für das tolle Kunststück, bei dem Ihr Hund auf einen Wink hin einen bestimmten Baum oder z.B. einen Stuhl umrundet. Geübt wird an schmalen

Dumme Aufgaben

gibt's für Hunde nicht. Für sie ist alles spannend, was wir ihnen beibringen.

Bäumen. Der Hund muss davor sitzen, dann wird er mit einem Leckerchen um den Baum herumgelockt. Helfen Sie Ihrem Kind, wenn es wegen zu kurzer Arme womöglich nicht ganz rumreicht. Sie selbst und Ihre junge Unterstützung sollten die Position vor dem Baum nicht verlassen. Ihr Hund wird lernen, den Baum zu umrunden, obwohl seine Menschen sich nicht vom Platz rühren.

Agility

Ihr Kind ist sportlich und bewegt sich gern? Ihr Hund auch? Dann kann es losgehen mit dem Hundesport »Agility« – auch »Geschicklichkeit auf sechs Beinen« genannt.

Beim Agility kommt es darauf an, dass der Hund möglichst fehlerfrei einen Parcours überwindet, der aus normalen Sprüngen, aber auch Tunneln, einer Wippe, Wand, Steg, Reifen und Tisch besteht. Genau wie beim Springreiten mit Pferden zählt bei einem fehlerfreien Lauf auch die Zeit – so dass durchaus die Geschwindigkeit eine Rolle spielt. Haben Hund und Kind die Grundlagen gelernt, ist es auch möglich, an Turnieren oder Fun-Turnieren teilzunehmen, um sich mit anderen Teams zu messen. Agility ist also ausbaufähig. Und zwar nicht nur in einem richtigen Verein, in dem dann selbstverständlich auch Vereinsleben stattfindet, sondern auch für »vereinsmüde« Familien in guten Hundeschulen, die mit ausgebildeten Trainern diesen Sport anbieten und ihre Gruppenteilnehmer z.B. zu sogenannten Fun-Turnieren führen. So oder so: Die Voraussetzung für diesen Hundesport ist, dass Ihr Hund auch in der Grunderziehung (beispielsweise einem Sitz und Bleib) auf Ihr Kind hört – denn Führung ist beim Agility unerlässlich.

Tellington TTouch – das Besondere für Kind und Hund

Was angenehme Berührungen angeht, ist auch die Tellington TTouch-Methode zu erwähnen. Dieses Hilfsmittel können Sie im täglichen Umgang mit Ihrem Hund, aber auch mit Ihren Kindern nutzen. Die Kanadierin Linda Tellington-Jones hat, inspiriert durch die Feldenkrais-Methode, eine eigene Art der Körperarbeit und Führarbeit am Tier entwickelt, den Tellington TTouch.

Um sich etwas darunter vorstellen zu können, denken Sie am besten an eine Art sanfte Massage. Das ist die Tellington-Körperarbeit. Die Hände sind immer dabei! Hände sprechen eine universale Sprache, sie können sanft und beruhigend, kräftig und bestimmt, aufmunternd und erfrischend, mitfühlend und empfindsam, schützend und behütend sein ...

Tellington TTouch ist das Bewegen der Haut durch Ihre Hände in Eineinviertel-Kreisen, Heben, Dehnen und Streichen am ganzen Körper. Wir kennen über 30 unterschiedliche TTouches, die sich in Art und Weise der Ausführung und Wirkung, in Druckstärke und Tempo unterscheiden.

Wir finden Zonen am Körper, die fest und verspannt sind, warm oder kalt. Mithilfe der TTouches können wir Einfluss darauf nehmen. Ängste lösen sich, Schmerzen verschwinden und Selbstheilungskräfte werden aktiviert.

Aus dem Alltag der Trainerinnen

Rita: Wenn ich einen Hund ttouche und den Zugang finde, spüre ich eine unendliche Verbundenheit, wir atmen wie ein Wesen und fühlen wie ein Wesen. Immer wieder ist dies für mich erstaunlich, wie ein kleines Wunder und mein Herz klopft.

Tellington TTouch

ist das Bewegen der Haut durch Ihre Hände in Eineinviertel-Kreisen, Heben, Dehnen und Streichen am ganzen Körper.

Verbundenheit

Ruhe und sanfte Berührungen sind gut für Körper und Seele.

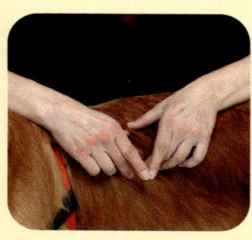

Schwerpunkte der Methode liegen in der Beruhigung ängstlicher oder nervöser Tiere, sowie in der Linderung von Schmerzzuständen durch Förderung von Entspannung und Wohlbefinden.

Hunde werden schon bald diese non-verbale Kommunikation mit ihrem Menschen genießen. Sie sind sehr dankbar, wenn wir ihnen die ganz besondere Zuwendung des Tellington-TTouches zukommen lassen und körperliche Verspannungen, die oft die Ursache für Verhaltensprobleme sind, lösen. Aber versuchen Sie das TTouch auch ruhig einmal an Ihrem Kind, wenn es Streicheln und sanfte Massagen mag. Oder bringen Sie Ihrem Kind bei, wie es Ihren Hund richtig touchen kann. So etwas macht beiden Spaß und fördert sehr die Bindung zwischen ihnen.

Aus dem Alltag der Trainerinnen

Rita: Vor Jahren betreute ich ein Gruppe kleiner Kinder im Feriencamp, nach einem Lagerfeuerabend übernachteten alle im Freien. Ein kleines Mädchen hatte Angst und konnte nicht schlafen, ich setzte mich zu ihr und fing an, ihren Rücken zu ttouchen, nach wenigen Minuten schlief die Kleine selig ein.

Kinder und Hunde – Freunde bis zum Ende

Wenn der geliebte Hund stirbt

Daran wollen Sie jetzt noch gar nicht denken? Sollten Sie aber! Denn auch junge Tiere können krank werden und sterben. Und dann ist es wunderbar, für diesen Trauerfall einen Plan zu haben.

Der Tod eines geliebten Haustieres lässt sich für alle Menschen nur schwer verwinden. Hatten wir in ihnen doch etwas, das uns in unserem Arbeitsleben und auch oft im zwischenmenschlichen Bereich fehlt: das Unmittelbare, das eng Vertraute, das Ungehemmte, das innig und ohne Schranken Geliebte und Liebende. Wir selbst sind von so einem Tod – egal, ob durch einen Unfall, eine schwere Krankheit oder einfach das hohe Alter – derart getroffen, dass wir oft nicht wissen, wohin mit unserem Schmerz. Für Menschen ohne Haustiere oft unverständlich, für »Mitwisser« jedoch völlig verständlich. Schließlich war der Vierbeiner Zeit seines Lebens auch ein Sozialpartner für uns und hat uns durch gute und schlechte Zeiten begleitet.

Daher ist es für uns Erwachsene nicht immer leicht, in einem Abschied dem eigenen Kind ein gutes Vorbild zu sein und sich angemessen trauernd, aber auch einsichtig in den Lauf des Lebens zu zeigen.

Kinder haben uns gegenüber einen ganz entscheidenden Vorteil, wenn es um den Tod eines lieben Vierbeiners geht: Ihre Phantasie! Nutzen Sie dies! Schaffen Sie, gemeinsam mit Ihrem Kind, eine wunderschöne Traumwelt, in der es dem Hund wieder gut geht. Beispielsweise könnte er über eine schöne Wiese toben oder durch einen plätschernden Bach. Hierbei sind der Vorstellungskraft keine Grenzen gesetzt. Sie können sich gemeinsam an den geliebten Vierbeiner erinnern. Was mochte er besonders? Ballspiele? Selbstverständlich hat er an seinem neuen Ort einen tollen Ball zum Spielen! Würstchen? Na, die bekommt er dort in Hülle und Fülle (und er bleibt trotzdem schlank)! Schöne schattige Plätzchen im Garten? Dort stehen alte Bäume, die ihm gemütliche Kuschelstellen bieten!

Je nachdem, wie alt Ihr Kind ist, können natürlich Fragen auftauchen, die sich darum drehen, was denn jetzt mit »Max« dort in der Erde geschieht. Nutzen Sie diese Gelegenheit, um eine schöne, harmonische Vorstellung von einer unsterblichen Seele zu vermitteln, die liebevoll wie ein Schutzengel weiterhin über Sie alle wacht.

Manche Kinder fürchten auch um den Hund und wollen nicht, dass er »nachts im Dunkeln allein im Garten bleibt«. Auch hier hilft die Phantasiereise auf eine sonnenlichtüberflutete helle Sommerwiese.

Auch die Vorstellung, dass es einst – in vielen Jahren – ein Wiedersehen mit dem geliebten Vierbeiner geben wird, kann Ihr Kind im Abschiedsschmerz trösten.

Trauer

**gehört zur
Liebe dazu.**

Die Voraussetzung zur Verarbeitung eines solchen Verlustes liegt im Erleben. Schließen Sie Ihr Kind nicht aus dem Prozess des Abschiednehmens aus. Erklären Sie ihm, was geschieht, wenn Ihr Hund schwer krank oder alt sein sollte. Lassen Sie nicht zu, dass der Tod des geliebten Haustieres Ihr Kind wie ein Schlag aus heiterem Himmel trifft.

Erfinden Sie gemeinsam mit Ihrem Kind eine schöne Zeremonie zum Begräbnis. Schmücken Sie gemeinsam das Grab, beispielsweise mit einem selbst gemalten Bild. Als »Grabrede« eignet sich wunderbar die Geschichte von der Regenbogenbrücke. Und denken Sie dran: Es darf ruhig hemmungslos geheult werden. Das befreit und wird Sie und Ihr Kind in der gemeinsamen Trauer verbinden.

Die Regenbogenbrücke

Eine Brücke verbindet den Himmel und die Erde. Wegen der vielen Farben nennt man sie die Brücke des Regenbogens. Auf dieser Seite der Brücke liegt ein Land mit Wiesen, Hügeln und saftigem grünen Gras. Wenn ein geliebtes Tier auf der Erde für immer eingeschlafen ist, geht es zu diesem wunderschönen Ort. Dort gibt es immer zu fressen und zu trinken und es ist warmes, schönes Frühlingswetter. Die alten und kranken Tiere sind wieder jung und gesund. Sie spielen den ganzen Tag zusammen. Es gibt nur eine Sache, die sie vermissen: Sie sind nicht mit ihren Menschen zusammen, die sie auf der Erde so geliebt haben. So rennen und spielen sie den ganzen Tag zusammen, bis eines Tages plötzlich eines von ihnen innehält und aufsieht. Die Nase bebt, die Ohren stellen sich auf und die Augen werden ganz groß! Auf einmal rennt es aus der Gruppe heraus und fliegt über das grüne Gras. Die Füße tragen es schneller und schneller.

Es hat Dich gesehen. Und wenn Du und Dein Freund sich treffen, nimmst Du ihn in Deine Arme und hältst ihn fest. Dein Gesicht wird geküsst, wieder und wieder. Und

Du schaust endlich wieder in die Augen Deines geliebten Tieres, das so lange aus Deinem Leben verschwunden war, aber nie aus Deinem Herzen. Dann überschreitet Ihr gemeinsam die Brücke des Regenbogens und Ihr werdet nie wieder getrennt sein... (Unbekannter Verfasser)

Ein Hund daheim und einer im Herzen

Wenn Haus und Garten so leer erscheinen, kommt irgendwann die Idee auf, ob da nicht ein junger Hund Abhilfe schaffen könnte, die Lücke füllen könnte, die alle in Ihrer Familie so schmerzlich empfinden.

Und dann ist es wichtig, mit Ihren Kindern darüber zu reden, dass ein anderer Hund eine ganz neue Persönlichkeit sein wird. Dass seine Erziehung, das Aufstellen von Regeln, dass all dies von vorn beginnt.

Doch wer Hunde liebt und bereits mehr als einen an seiner Seite haben durfte, weiß: Der junge Hund bedeutet keinen »Ersatz« für den alten, den Sie und Ihre Kinder immer im Herzen mit sich tragen werden – er ist stattdessen ein weiteres, willkommenes Familienmitglied.

Und wenn alle sich einig sind – Sie selbst möchten wieder vier Pfoten um sich haben, Ihr Partner/Ihre Partnerin ebenso, die Kinder natürlich auch – dann ziehen Sie gemeinsam los! Ins schöne und bewegende Abenteuer »mit Kind und Köter«!

Interviews

Hinweis: Je höher der Kakaoanteil einer Schokolade, desto toxischer wirkt sie auf unsere Hunde, die das darin enthaltene Theobromin nicht verarbeiten können. Ein bisschen Nussnugatcreme zu schlecken ist für keinen Hund giftig – anders sieht es jedoch aus, wenn er eine Tafel Schokolade mit hohem Kakaoanteil frisst.

Angelika Hoffmann

Interviewpartnerin: Angelika Hoffmann

Angelika Hoffmann züchtet seit etlichen Jahren mehrfarbige English Cocker-Spaniel. Sie lebt mit ihrem Mann Roland, ihren beiden Töchtern Nicole (16) und Nadine (21) und ihrem Sohn Dominik (23) in Forst unweit von Nürnberg. Zur Familie gehört ein fröhliches Rudel von Cockermädels in allen Altersklassen.

Was hast du gedacht, als du von diesem Buch erfuhrst?

Ich hab mir gleich gedacht, die Mütter sind heutzutage anders als in meiner Generation. Die können das vielleicht gar nicht mehr alles so bewältigen. Oh Gott, die sind doch heute sowieso in allem überlastet wegen der Berufstätigkeit, das ist Stress pur. Bei vielen passt das einfach nicht, noch einen Hund in der Familie zu haben, wenn sie doch oft schon mit den Kindern Probleme haben.

Wie kam denn das bei dir – mit den Hunden und dem Muttersein?

Als ich siebzehn war, hatten wir in unserem Familiengeschäft einen Lieferanten, der einen roten Cocker hatte und den mit ins Geschäft brachte. Und diesen Blick vergesse ich nie, diese Cockeraugen. Bei uns in der Nähe war ein Cockerzüchter und ich hab mir ganz allein eine rote Cockerhündin von dort geholt, unser Lupinchen.

Da war ich dann 18. Meine Mutter wusste nichts davon. Ich habe nur daheim ange-
rufen und gesagt, ich hab einen Hund gekauft. Da hab ich meinen Mann schon
gekannt und Lupinchen war für uns wie die erste Probe, wie ein Kind. Durch den
Cocker haben wir dann den Jagdspanielklub kennengelernt und dann kam natürlich der zweite Hund dazu, eine dreifarbige Hündin. Das hat es damals ja noch nicht
gegeben, dass Leute zwei Hunde hielten. Also waren erst die Hunde da und dann
sind die Kinder gekommen. Das war ein Traum: Wir sind vom Krankenhaus heim-
gekommen, haben die Tasche mit dem
kleinen Dominik auf den Boden gestellt
und dann war das Baby willkommen.

Ich bin mit dem Kinderwagen spazieren
gefahren und die Hunde waren an der
Leine immer dabei. So haben wir das mit
den anderen Kindern auch gehalten.

Hattest du keine Angst, dass die Hunde die Kinder abschlecken?

Nee, auf die Idee wäre ich gar nicht
gekommen. Ich muss sagen, bei mir war
damals Hund und Kind eine Ebene. Das
darf man nicht jedem erzählen – aber
das war bei uns so. So bin ich. Es war
auch nicht stressig, nach dem Motto

»Jetzt schreit das Kind … jetzt will der Hund was …«, nein, das ist alles so inein-
andergelaufen. Weil alle damit einverstanden waren, mein Mann, meine Eltern.
Und für die Kinder war es eine Bereicherung. Umso schlimmer war es aber auch
später für sie, wenn dann ein alter Hund von uns gestorben ist.

Ein Traum,

**wenn die Hunde das
Baby willkommen
heißen.**

Du wolltest immer Hunde UND Kinder haben?

Ja, das war mir immer klar. Ich hab mir auch nie Gedanken gemacht, dass so was
schiefgehen könnte.

Was sind die Unterschiede zwischen Kindern und Hunden?

Hunde haben nicht dieses schlimme Trotzalter wie Kinder, das ist nicht so krass bei
denen. Kinder werden erwachsen, aber Hunde bleiben immer Kinder. Je älter Hunde
werden, desto anhänglicher werden sie wieder, und die Kinder lösen sich von

einem, gehen eigene Wege. Die Hunde sind uns »ausgeliefert« und müssen all unsere Launen ertragen. Die Kinder wehren sich auch mal, gehen in ihr Zimmer, knallen mit den Türen. Die Hunde können das nicht.

Und wo sind Kinder und Hunde ähnlich?

Stellen wir uns den Kindergarten vor, die Mütter mischen sich in einen Kinderstreit ein, alles streitet sich. Hinterher spielen die Kinder wieder miteinander, die

Erwachsenen schauen sich nicht an. Wie ist es bei Euch auf dem Hundeplatz? Die Welpen spielen, die Besitzer kommen sich ins Gehege (»Der packt meinen!« – »Nein, der packt meinen!«) und bis die sich einig sind, spielen die Welpen schon wieder miteinander. Das ist schon sehr ähnlich.

Wie bewegen eure Hunde eure Familie?

Sie bringen uns immer auf andere Gedanken. Wenn du mal Stress oder sonst was hast, gehst du mit ihnen spazieren und alles ist wieder besser. Sie sind Seelentröster und Clowns. Die Hunde sind immer da für einen. Es ist ihre soziale Aufgabe, gute »Stimmung« in die Familie zu bringen. Man kann auch über die Hunde wieder ins Gespräch kommen. Wenn es mal Stunk untereinander gegeben hat, unterhält man sich dann über die Hunde. Dann geht's wieder.

Wie sieht die Beziehung der Kinder zu den Hunden aus?

Unsere Kinder müssen sich nur kümmern, wenn ich mal keine Zeit habe – alles andere ist freiwillig. Und das ist immer besser. Nicole hat eine besondere Einstellung zu den Hunden, zu allen Tieren, das ist schon ihres. Eigentlich haben aber alle drei Kinder einen sehr guten Bezug zu Tieren. In der Früh werden natürlich zuerst die Hunde begrüßt.

Natürlich sind die eigenen Hunde immer die besten von allen. Warum ist das bei dir so?

Sie sind so charmant, das Wesen, der Blick. Wenn sie alt werden, bleiben sie trotzdem innerlich jung, putzig und goldig. Auch die Größe ist toll, man kann sie überall mit hinnehmen und sie laufen immer mit.

Wie reagieren die Menschen auf dich als dreifache Mutter mit so vielen Hunden?

Mein Gott, bei denen daheim muss es ja ausschauen! Drei Kinder und so viele Hunde! Werden die gebadet? Wie oft muss man die kämmen? Die sind alle mit im Haus? Dürfen die etwa mit ins Bett? Und aufs Sofa?

Viele sagen aber auch: »Toll wie du das alles schaffst!« Und ich halte es so: Zu denen, denen es passt, gehe ich hin und die, die meine Hunde nicht sehen wollen, denen weiche ich aus. Mit der Verwandtschaft halten wir es auch so: Die zu uns nicht kommen wollen wegen der Hunde, die können bleiben, wo sie wollen. Wir haben genug Freunde, die gern zu uns kommen.

Ziehen alle mit am gleichen Strang, wenn es um die Versorgung der Hunde geht?

Meine ganze Familie unterstützt mich, sonst ginge es nicht. Auch meine Eltern, meine Mutter. Aber auch Freunde, die selbst Cocker haben. Manchmal gibt's auch

Bei Streit in der Familie

Da spricht man über die Hunde und dann geht's wieder.

Reibereien in der Familie, aber am Ende machen doch alle mit. Wenn man Familie hat, muss man improvisieren können, muss flexibel sein. Ich muss ja jeden Tag staubsaugen, wischen, abstauben. Aber es gibt auch viele Sachen, die nicht planbar sind. Zwischendurch mal zum Tierarzt oder sonst was. Da muss man unglaublich flexibel sein. Ich selbst brauche ja noch mehr Unterstützung als eine normale Hundehalterin, die Mutter ist. Dadurch, dass ich züchte, habe ich natürlich mehr Hunde als andere und auch oft Welpen, die gut versorgt sein wollen.

Wie sind eure Kinder mit den Aufgaben rund um die Hunde umgegangen?

Als Cora und Katrinchen da waren, die ersten Zuchthündinnen, war Nadine neun und wollte unbedingt mit in die Hundeschule. Da sind bei der Prüfung die jüngsten Teilnehmer mit einem Pokal geehrt worden. Das zieht bei den Kindern! Und Prüfungsstress haben die Kinder nicht. Das hat Nadine total locker genommen. Später hat dann Nicole bei den Ausstellungen mit Juniorhandling begonnen – dazu gehört auch eine gewisse Erziehung, das Hinstellen und Anfassen lassen. Das kam alles freiwillig von den Kindern, nie als Muss.

Gab es mal ein schlimmes Erlebnis mit Kindern und Hunden?

Meine Cousine und ich sind damals mit den Kindern, mit unserer Cora und Katrinchen und einem Berner Sennenhund spazieren gegangen – das ist ewig lange her, Nadine und Nicole waren im Kindergartenalter. Der Kanal war zugefroren und schneebedeckt. Auf der anderen Seite war eine Spaziergängerin, die die Hunde gelockt hat. Katrinchen und Cora liefen rüber und der Berner hinterher. Der Berner brach ein. Die Cocker rutschten nach. Der Berner drückte mit den schweren Füßen Katrinchen unters Eis. Da bin ich mit meiner Cousine bei minus 18 Grad ins eiskalte Wasser gesprungen. Wir haben alle Hunde gerettet. Die Kinder haben natürlich geweint, weil sie Angst hatten. Draußen standen die Leute und haben nur doof geschaut. Keiner hat geholfen. Das war ein Alptraum – mein Katrinchen unterm Eis, davon hab ich lange geträumt. Die Kinder haben nur geschrieen: »Mama! Mama!« Michaela und ich haben uns hinterher gesagt: »Spitze haben wir das gemacht! Dass wir einen klaren Kopf behalten haben!«

Wenn bei all der Arbeit Freizeit bleibt, wie verbringst du sie?

Nach den Hunden? … Hunde! (grinst)

Ja, aber … wie entspannst du denn?

Hunde! (lacht)

Ein Welpe ist wie
ein Baby, das nie
erwachsen wird

**Ein zusätzliches Kind,
die gleiche Aufgabe.**

Okay, wir sehen schon … Was bedeutet für dich denn Glück?

Gesundheit, das ist doch klar. Wenn alles harmonisch ist, alle zueinander halten.

Was gefällt dir an deiner Lebenssituation am besten?

Ich finde es so toll, dass wir alle – unsere Kinder, unsere Hunde – eine große Familie sind.

Gibt es einen Rat, den du Müttern mit Hund geben möchtest?

Ich sage meinen Welpenkäufern immer: Wenn Sie sich einen Hund anschaffen, dann bekommen Sie ein zweites Baby. Ein Welpe ist wie ein Baby, das nie erwachsen wird. Ein zusätzliches Kind, die gleiche Aufgabe. Das sollte man sich vorher gut überlegen. Mit einem Hund, der nie erwachsen wird und aus dem Haus geht, ist man mehr angebunden als mit einem Kind. Denn der Hund bleibt Zeit seines Lebens.

Michaele und Edda

Nestler

Interviewpartnerinnen: Michaele und Edda

Mutter und erwachsene Schwiegertochter (die ebenfalls wieder Kinder hat)

Eine Familie aus mehreren Generationen, die zusammenhält und sich die Aufgaben teilt. Edda und Günter sind die Großeltern, rüstige Pensionäre, die im Obergeschoss des Stadthauses mit einem idyllischen Hinterhofgarten wohnen. Unter ihnen im Erdgeschoss wohnt die junge Familie: Michaele mit ihrem Mann Carsten, ihre Tochter Nadja, 11, und die beiden Söhne Paul, 11, und Richard, 8. Michaele und Carsten sind beide selbstständig und arbeiten viel.

Zu dieser Drei-Generationen-Familie gehört Ben, ein rabenschwarzer großer Hund. Ben »sollte eigentlich ein Labrador werden«, doch als erwachsener Hund ähnelt er eher einem Riesenschnauzer.

Das Interview wird mit Großmutter, Mutter und Tochter gemeinsam geführt.

War es eine gemeinsame Entscheidung, eine Familien-absprache, mit einem Hund euer Leben zu teilen?

Edda: Ja. Ich wollte auch einen Hund haben – aber nicht alleine. Ich bin jetzt über 60 und ich weiß ja nicht, ob ich noch über zehn Jahre lebe …

Michaele: Ich weiß auch nicht, ob ich solange lebe.

Edda: Ja, ja, … aber ich weiß es weniger als du … Und so ein Hund braucht ja einen fitten Menschen, der viele Spaziergänge machen kann. Ich habe zwar jetzt als Pensionärin mehr Zeit, aber viermal am Tag? Ich weiß nicht, ob ich da immer Lust zu hätte. So verteilt sich das alles viel besser auf mehrere Personen. Mir selbst macht der Spaziergang morgens am meisten Spaß. Das ist meine Zeit, die find ich toll! Und einmal in der Woche Hundeschule. Das ist ja auch ein wichtiger Termin, den immer jemand wahrnehmen muss. Und dann noch der Urlaub. Da hat man immer das Problem, wohin mit dem Hund, wenn man mal was machen will, wo er nicht mit kann. Wir teilen uns deswegen den Wohnwagen in Holland. Da kann er immer mit – egal, wer gerade da ist.

Kinder und Hunde, was haben die eurer Meinung nach gemeinsam?

Edda: Kindern kann man etwas erklären, man kann mit ihnen sprechen. Bei Hunden muss man noch konsequenter sein als mit Kindern und deutlich Ja und Nein sagen. Aber man kann nicht erklären, warum er jetzt Fuß laufen soll. Das finde ich am schwierigsten – nicht für den Hund, für mich.

Michaele: Kinder und Hunde brauchen beide Pflege. Beide wachsen, müssen Eindrücke verarbeiten, bringen Freude. Beide sind auch mal anstrengend. Man muss sie erziehen.

Nadja: Ich finde es schade, dass Ben nicht sprechen und antworten kann. Er kann nicht sagen, was er haben will und manchmal versteh ich ihn nicht.

Michaele: Was bei uns auch ähnlich ist in der Kinder- und Hundeerziehung sind die Freiräume, die sie bei ihrer Oma Edda haben.

Oma Annelie, meine Mutter, die sich auch hin und wieder um Ben kümmert, macht alles mit dem Hund auf ihre Weise – sehr nett und mit Respekt. Ihr ist das egal, wenn Ben an der Leine zieht. Und solange er das bei uns nicht macht, kann ich darüber hinwegsehen.

Genauso ist das mit den Kindern. Die wissen, dass sie bei ihren Omas gewisse Freiräume bekommen, die sie bei uns nicht haben. Das ist okay für mich, wenn meine Kinder sich zuhause an unsere Regeln halten.

Und im Urlaub?

Gut, wenn man jemanden hat, der den Hund mal betreut.

Welche Rolle, welche Aufgabe hat denn Ben in eurer Familie?

Michaele: Die Beschäftigung mit ihm reißt mich aus dem Alltagstrott. Ich bin gezwungen, an die Luft zu gehen und mich zu bewegen. Das macht mir unglaubliche Freude, besonders weil er gehorcht und ich dann abschalten kann.
Was die Kinder angeht, schafft es der Umgang mit ihm, sie zu Verantwortung zu erziehen. Sie müssen sich um ein Lebewesen kümmern. Er ist ein Freund, ein echter Kumpel. Er füllt eine Lücke, die noch da war. Er bereichert die Familie!

Was gefällt Euch besonders gut an eurem Hund?

Nadja: Er ist mein Freund, der mir immer zuhört, für mich da ist und mit mir spielt.
Michaele: Mir gefällt ganz besonders, dass Ben so freundlich ist zu allen Hunden und Menschen.

Wie gehen andere Menschen mit euch als hundehaltender Familie um?

Michaele: Na ja, ein paar Freunde haben schon so halb Unverständnis und halb Bewunderung gezeigt. So nach dem Motto: »Jetzt haben die schon drei Kinder und schaffen sich noch einen Hund an?« Sie haben sich bestimmt gefragt, wie wir das unter einen Hut bekommen wollen. Aber wir haben sie überzeugt. Und wir haben über Ben auch sehr nette Leute kennengelernt. Selbst der Schuster erzählt auf einmal von seiner Dogge, die Jahre lang in seinem Bett geschlafen hat. Man lernt plötzlich nette Leute kennen, an denen man ohne Hund wohl einfach vorbeigegangen wäre.

Von wem erhältst du Unterstützung, Michaele, bei Kindern und Hund?

Michaele: Die ganze Familie ist beteiligt. Zuhause beschäftigen sich Edda und Günter viel mit ihm. Es ist toll, wenn ich nach Hause komme und Ben hat irgendein neues Kunststück gelernt, was ich vorgeführt bekomme. Gassi gehen wir Erwachsenen alle mit ihm. Carsten tobt manchmal sehr wild mit Ben. Da darf der Hund auch mal den Unterarm packen. Bei mir weiß Ben, dass er das nicht machen darf. Die Kinder lasse ich nicht gern mit ihm spazieren gehen, denn Ben ist ja ein großer Hund. Aber sie spielen natürlich viel mit ihm – also ein rundherum gut ausgelasteter Familienhund.

Michaele, inwieweit passt denn unser Buchtitel auch auf deinen Partner?

Michaele: Na, Carsten geht mit Ben Gassi und erfreut sich auch an dem Hund, aber dadurch, dass er so wenig da ist, beschränkt sich seine Rolle auf das Gassigehen. Trotzdem war es eine gemeinsame Entscheidung, hinter der auch er steht.

Wo liegen Schwierigkeiten im Zusammenleben mit dem Hund?

Michaele: Obwohl wir das hier ganz gut organisieren, habe ich schon manchmal ein schlechtes Gewissen. Denn wenn es hier mal hektisch wird, gehe ich eben mittags mal nur eine Viertelstunde mit Ben raus. Manchmal ist eben der Zeitfaktor erheblich, da sind die Hausaufgaben und so vieles mehr auch mal wichtiger als der Hund.

Gab es mal eine kleine Katastrophe mit Ben?

Michaele: Oh ja, als er noch seine Machtkämpfchen mit mir gemacht hat. Er sprang mich an und hielt meinen Arm mit den Zähnen fest, wurde richtig wild. Mir

Gemeinsame Entscheidung

Auch der Partner sollte hinter der Entscheidung »Hund« stehen.

blieb keine Wahl, als ihn auf den Boden zu drücken. Das Ganze passierte unter Beobachtung von Passanten auf der Straße. Einer sagte: »Ich rufe gleich den Tierschutzverein an, so geht man doch nicht mit einem Hund um!« Was mich furchtbar aufregte. Ungefragte Tipps und blöde Kommentare kann man in solchen Situationen ja gar nicht gebrauchen.

Wie verbringt ihr eure Freizeit?

Michaele: Wir nehmen Ben auf Wochenendausflüge nach Möglichkeit immer mit. Zum Beispiel an den Rhein. Wenn wir mal was unternehmen, wo er nicht mit kann, zum Beispiel ins Schwimmbad, dann geht er zu Edda.

Edda: Für mich ist alles mit dem Hund Freizeit.

Wie entspannt ihr?

Edda: Mal im Sessel mit Fernsehen, mal ein Buch lesen, mal die Blumen, mal der Hund, ich habe das Glück, Zeit für Entspannung zu haben.

Michaele: Schlafen (lacht). Ich mache zur Zeit noch eine berufsbegleitende Zusatzausbildung, da bleibt wenig Zeit zur Entspannung. An einem Tag in der Woche bin ich hier alleine und habe Ruhe für mich. Ich würde gerne wieder Sport treiben, doch das muss noch ein Jährchen warten.

Das macht glücklich

Zeit für den Hund haben.

Was bedeutet für euch Glück?

Michaele: Innere Zufriedenheit. Wenn die Dinge gut laufen und man ruhig und entspannt sein kann. Zeit haben, das macht glücklich.

Was würdet ihr auf den Hund bezogen gerne ändern oder anders machen?

Edda: Da fällt mir nicht viel ein. Vielleicht hätte ich von Anfang an etwas konsequenter sein sollen – das hat nämlich ein Weilchen gedauert bis ich das konnte.

Michaele: Genau! Ich würde noch mehr Zeit in den Anfang investieren und auch noch konsequenter sein. Wenn ich heute sehe, wie sehr die Dinge sitzen, die er am Anfang gelernt hat, und wie viel mühsamer es war, später Dinge zu korrigieren, die man anfangs lustig fand. Zum Beispiel das Anspringen. Im Nachhinein denke ich, ich hätte noch öfter am Unterricht in der Hundeschule teilnehmen sollen als ich es getan habe.

Euer Rat für andere Mütter?

Edda: Schaut, ob ihr jemanden habt, der euch hilft, wenn Not am Mann ist. Jemand, der der Hund auch gerne nimmt und gut mit ihm auskommt. Stell dir vor, die Kinder haben alle Grippe und der Hund muss mal ein paar Tage weg. Ohne so eine Möglichkeit würde ich mir das schwer überlegen.

Michaele: Wenn man Kinder bekommt, hat man ja auch einen kleinen Plan, wie man alles regeln kann. Wichtig sind außerdem der finanzielle Aspekt und die Zeit, die man aufbringen muss, um spazieren zu gehen und den Hund zu erziehen. Die Kinder sollte man nicht fest einplanen. Die sollten freiwillig helfen.

Nadja: Alle Personen in der Familie sollte überlegen, welche Rasse sie wollen. Denn es gibt ja auch Hunderassen, die sich nicht so gut mit uns Kindern verstehen.

Inis Elsen Wübbels

Interviewpartnerin: Inis Elsen Wübbels

Die Heilerziehungspflegerin und Hundetrainerin Inis ist Mutter von Leonard (3) und Paula (1) und »Frauchen« von gleich drei Golden Retrievern. Mit ihrem Mann Hubert lebt sie in einer kleinen Ortschaft in der Nähe von Lingen im Emsland.

Familie mit Hund

Ist eine Lebensphilosophie.

Was hast du gedacht, als du erfuhrst, dass wir über deine zwei- und vierbeinige Bande schreiben möchten?

Mein erster Gedanke war: »Oh Gott! Mit mir ein Interview? Bin ich da überhaupt versiert genug?« Für uns ist das ja der normale Wahnsinn!

Als du selbst ein Kind mit Hund warst, wie sind deine Eltern damals mit dieser Thematik umgegangen?

Es war ein sehr kritisches Thema. Meine Mutter mochte keine Hunde und kam auch nicht wirklich mit ihnen zurecht. Mein Vater versuchte immer »das Ganze auf Vordermann« zu bringen. Entsprechend wurde der Kontakt zu unserem Haus- und Hofhund Senta immer sehr überwacht, vor allem von Seiten meiner Mutter.

Wie kam es zu deinem ersten Hund?

Erst vor neun Jahren habe ich meinen ersten und mittlerweile auch ältesten eigenen Hund bekommen, das war die Kira. Allerdings war es gar nicht so einfach damals. Dieser Hund war schlecht geprägt und deswegen sehr schwierig im Umgang. Entsprechend musste ich sehr viel Aufbauarbeit leisten!

Wie kam es dazu, dass du Mutter und »Frauchen« bist? Warum hast du dich für diese Lebenssituation entschieden?

Die Familiensituation mit Hund ist für uns eine Lebensphilosophie. Tiere gehören für uns im Alltag dazu. Meine Schwiegereltern haben einen landwirtschaftlichen Betrieb, wir haben immer Tiere gehabt und leben eng mit ihnen zusammen. Ich finde das sehr sehr wichtig für Kinder, zur Ausbildung ihrer Persönlichkeit.

Stellst du bei Kindern und Hunden Gemeinsamkeiten fest?

Kinder und Hunde haben sehr vieles gemeinsam: Sie lernen über Nachahmung, über Erfahrung und für beide ist die Gemeinschaft im Rudel oder in der Familie extrem wichtig.

Welche Rolle haben deine Hunde in der Familie? Welche Aufgabe erfüllen sie?

Unsere Hunde leben mit uns in einer Gemeinschaft. Sie sorgen dafür, dass wir uns geborgen und sicher fühlen innerhalb unseres Heimes und Gartens. Sie sind Seelentröster, Kontaktknüpfer, Katalysatoren nach der Arbeit oder nach schlechten Tagen. Die Hunde haben sogar mehr Aufgabenbereiche als wir Menschen hier in unserer Familie zu erfüllen.

Mögen eure Kinder auch fremde Hunde?

Unsere Kinder haben in keinster Weise Schwierigkeiten mit anderen Hunden, was mit Sicherheit daran liegt, dass sie mit unseren Hunden ganz eng zusammenleben und aufwachsen. Sie lieben unsere Hunde, stehen mit ihnen auf und gehen abends mit

ihnen ins Bett, natürlich im übertragenen Sinne. (lacht) Unsere Kinder profitieren elementar von unseren Hunden!

Und wenn du deine Beziehung zu deinen Kindern mit der zu deinen Hunden vergleichst?

Die Beziehung zu meinen Kindern würde ich als sehr intensiv, aber auch als sehr freundschaftlich bezeichnen. Ebenso sieht die Beziehung zwischen den Hunden und mir aus; sie ist geprägt von Geben und Nehmen. Ich erwarte von den Hunden einiges, dementsprechend können sie auch von mir einiges erwarten.

Was gefällt dir an deinen eigenen Hunden besonders gut?

An meinen Hunden gefällt mir am besten, dass sie so unkompliziert in der Gemeinschaft leben, so unvoreingenommen mit uns auf Situationen zugehen, ohne nervös zu werden. Kira, Lana und Joschy sind in Bezug auf die Kinder sehr verlässlich. Diese unkomplizierte Art und Weise, die unsere Hunde Menschen gegenüber an den Tag legen ist eigentlich das, was mir am meisten gefällt!

Zwei Kinder, drei Hunde – was sagen die Leute?

Häufig sind sie erstaunt, wie das im Alltag funktioniert. Die Umwelt nimmt uns sehr deutlich wahr. Wir werden auch in der Familie immer wieder überprüft und hinterfragt, ob denn alles auch so klappt wie es nach außen scheint. Andere Mütter mit Kindern im gleichen Alter treffen verschiedene Aussagen. Von »Ach wie toll!« bis »Oh Gott!« und »Das Risiko und die Allergien und was kann da nicht alles passieren!«

Wie regelst du deinen Alltag mit Kindern und Hunden?

Sehr individuell. Wir gehen zwar jeden Tag unsere Runden mit Kindern und Hunden, aber natürlich ist dies auch wetter- und tagesformabhängig, hier gibt's kein Schema F, wir machen alles recht flexibel. Es ist schon schwierig, immer allen gerecht zu werden, besonders wenn ein Kind oder ein Hund krank ist. Da müssen dann auch mal die Kinder mit zum Tierarzt oder die Hunde mit zum Kindergarten.

Von wem erhältst du als Mutter UND Hundehalterin Unterstützung?

Wir haben einen großen Bekannten- und Freundeskreis, der mich bei den Kindern unterstützt. Schwieriger ist es, drei Hunde auf einmal irgendwo abzugeben. Trotzdem gibt es Menschen, die die Hunde sicherlich auch mal nehmen würden. In der Gesamtheit könnte ich meine Familie derzeit nicht an jemand Fremden übergeben, denn dazu ist doch zu viel Management nötig.

Mehrere Hunde

sind natürlich schwieriger »mal unterzubringen« als nur einer.

Inwieweit bindest du deine Kinder in die Hundeerziehung ein?

Eigentlich hätte diese Frage eher umgekehrt lauten müssen: »Wie bringen die Hunde sich in die Kindererziehung ein?« Die Hunde sind irgendwie schon an der Kindererziehung beteiligt, wenn auch natürlich unbewusst. Die Kinder wissen noch nichts von Hundeerziehung. Leonard möchte mal die Leine nehmen, die Hunde füttern und das eine oder andere Kommando geben. Dabei muss ich natürlich unterstützend tätig sein.

Du bist auch Hundetrainerin. Wo liegen für dich Schwierigkeiten, die im Zusammenleben mit Hunden und Kindern entstehen können?

Was ich immer wieder bei Kundinnen in meiner Hundeschule mitbekomme sind die Probleme, die durch Unkenntnis des hundlichen Ausdrucksverhaltens entstehen. Es ist immens wichtig, dass Hundetrainer sich absolut mit dem Ausdrucksverhalten auskennen und dies Kunden mit Kindern vermitteln. Wenn ein Hund Signale aussendet und der Mensch nicht in der Lage ist, diese Signale zu lesen, kommt es unweigerlich zum Konflikt!

War dir alles schon mal zu viel?

Ich bin schon recht flexibel, aber natürlich gibt's so was auch mal. Das sind solche Tage, an denen die Kinder krank sind, der Hund zum Tierarzt muss, die Suppe übergekocht ist und der Kühlschrank kaputt geht. Wenn mal alles schiefläuft, dann wünsche auch ich mich weit weg – keine Hunde, keine Kinder und kein Haus mit Garten.

Schöne Momente

Wenn Kinder und Hunde voneinander profitieren.

Wie verbringst du deine Freizeit?

Mit Kind und Hund! Wir gehen spazieren, laufen Inliner, fahren mit den Hunden an den Kanal, also es gibt verschiedene Freizeitmöglichkeiten. Sicher genießen wir auch mal einen Urlaub ohne Hunde. Aber prinzipiell sieht unsere Freizeit so aus, dass wir Kinder, Hunde und Garten unter einen Hut bringen und entsprechend kombinieren.

Was bedeutet für dich »Entspannung pur«?

Ab 20 Uhr mit den Beinen hoch gelegt vor dem Fernseher sitzen, oder mit einem guten Buch, oder dem PC auf dem Schoß.

Und »Glück«?

Mein Mann, meine Kinder, meine Hunde! (lächelt)

Wo liegen für dich in deinen beiden Funktionen als Mutter und Hundehalterin die schönsten Momente?

Immer wieder schön zu beobachten ist, wie liebevoll die Kinder mit den Hunden umgehen. Und was sie aus dieser Beziehung mit in ihr Leben nehmen. Dinge wie Persönlichkeitsbildung, Aufbau von Freundschaften, Rücksichtnahme, Teilen, Miteinanderauskommen. Alles, was meine Kinder ausstrahlen, hängt mit den Hunden zusammen. Das sind immer so schöne Momente, wenn ich sehe, dass Hunde und Kinder sehr viel voneinander lernen und voneinander profitieren. Ich glaube, dass sich da eine Symbiose entwickelt, die sich sehr positiv auf das Leben meiner Kinder auswirkt.

Worauf freust du dich besonders?

Später mal zu sehen wie sich das Leben mit unseren Tieren auf unsere Kinder auswirkt, ob die Kinder in zehn oder fünfzehn Jahren unser Lebensmodell nachahmen oder ob sie sagen »Oh Gott – mit Hund? Ich? Im Leben nie wieder.«

Würdest du gern etwas anders machen?

Ich würde nichts anderes machen! Okay, ein Gärtner wäre toll oder jemand, der unsere Wäsche wäscht und bügelt. (grinst) Aber eigentlich ist mein Leben, so wie ich es lebe, einfach komplett!

Dein Rat für andere hundebegeisterte Mütter?

Überlegen Sie zuerst, ob ein Hund zu Ihrem Lebensstil passt. Dann schauen Sie genau hin, welcher Hund zu Ihnen passt. Überprüfen Sie, ob die Haltungsmodalitäten umzusetzen sind, und ob die Familie Ihnen Unterstützung geben kann. Suchen Sie sich eine gute Hundeschule, die viel Wert auf die Vermittlung des Ausdrucksverhaltens von Hunden legt und die Sie darin schult, wie Hunde kommunizieren. Wenn das alles hinhaut, sind Sie für alle Lebenssituationen in Ihrer Familie gewappnet!

Katrin Meyer

Interviewpartnerin: Katrin Meyer

Katrin Meyer arbeitet als Sozialpädagogin im Jugendamt und bietet flexible Erziehungshilfe an. Gemeinsam mit ihrem Mann Christian und ihren Kindern Maik (4), Till (8) und Jana (15) nahm sie den schwarzen Mischlingsrüden Flyn auf, der sich seitdem zu einem Brocken von guten 70 Zentimetern und 40 Kilo gemausert hat.

Was denkst du über unser Buchthema?

Meine persönliche Statistik in unserer Hundeschule besagt, dass 95 % der Kursteilnehmer Frauen sind. Und auch auf den Spazierwegen draußen begegne ich häufig nur Frauen. Ich denke, der größte Teil der Hunde in Deutschland lebt in Familien. Von daher ist das ein großes und wichtiges Thema.

Als du selbst ein Kind mit Hund warst, wie sind deine Eltern damals mit dieser Thematik umgegangen?

Meine Eltern hatten zuerst den Hund, einen Rauhaardackel, und dann das Kind. Sie sagten immer, dass der Hund das erste Kind in der Familie war. Sie haben das sehr verantwortlich gemacht, den Hund und mich aneinander zu gewöhnen. Wenn

Hund als Ausgleich

Durch ihn komm ich raus in die Natur.

meine Mutter mich gewickelt hat, hielt mein Vater den Hund auf dem Arm, hat ihn gestreichelt, an mir schnuppern lassen. So bekam ich eine sehr enge Beziehung zu dem Hund schon ganz früh! Meine Mutter war sehr viel alleine mit uns, denn mein Vater war oft beruflich unterwegs. Als dann noch mein Bruder geboren wurde, hatte meine Mutter viel Stress mit der Situation, und als der Hund dann starb hat es keinen neuen mehr gegeben. Auch weil die Trauer bei uns allen so groß war!

Dann war der Dackel deine erste große Hundeliebe?

Ja, würde ich so sagen, aber das war nicht so bewusst wie jetzt bei meinem Hund. Ich fühle mich aber heute noch zu Dackeln hingezogen. Die Liebe zum Hund ist einfach geblieben, ich denke, da bin ich früh geprägt worden!

Kinder und Hund zu haben – wieso hast du das entschieden?

Ich hatte immer den Wunsch, wieder einen Hund zu haben. Als Jugendliche habe ich das über das Reiten kompensiert, eben große Hunde, auf denen man sitzen konnte. Dann kam das Studium, mein erstes Kind, die Zeit war nicht da – aber die Idee immer noch. Mittlerweile haben wir drei Kinder. Und als sich herausstellte, dass unser jüngster Sohn entwicklungsbeeinträchtigt ist, war für mich klar: ich brauche einen Ausgleich. Immer wieder habe ich hin und her überlegt und mit meinem Mann diskutiert, der anfangs ganz gegen einen Hund in der Familie war.

Die Lebenssituation war so: Durch die Entwicklungsstörung des Kindes wurde unser Rahmen kleiner, wir kamen kaum noch vor die Tür. Ich hatte den Impuls: »Ich muss hier raus. Ich brauche Ausgleich. Ich muss in die Natur.« So eine Art schweigenden, vierbeinigen Unterstützer an meiner Seite habe ich gebraucht. Die letzten, anstrengenden Jahre hat mich Flyn wirklich aufgefangen, getragen und mir die Möglichkeit gegeben, öfter aus dieser anstrengenden Familiensituation herauszutreten.

Kann man Kinder- und Hundeerziehung vergleichen?

Kinder und Hunde sind sehr eigene Individuen – mit trotzdem sehr ähnlichen Bedürfnissen. Beide brauchen »ein Rudel« für emotionale Stabilität und Zugehörigkeitsgefühl. Wir erziehen Kinder und Hund mit Liebe und Achtung, mit Struktur und Konsequenz. Der Unterschied ist, dass wir unsere Kinder auch zu Kooperation, Diskussion, Selbstständigkeit und zum Vertreten einer eigenen Meinung erziehen, damit sie Selbstbewusstsein entwickeln, um ihren eigenen Weg zu machen. Das gibt's bei Flyn nicht. Da wird nicht diskutiert, da gibt es kurze und klare Ansagen.

Flyn ist nicht nur Familienhund, richtig?

Ich glaube, Flyn hat unterschiedliche Rollen für die einzelnen Familienmitglieder. Für mich ist das »Hobby Hund« der Ausgleich zu meinem forderndem Beruf und den Herausforderungen einer Patchwork-Familienmutter. Bedingt durch seine Anlagen und Charaktereigenschaften und meinen Beruf als Pädagogin ist der Wunsch entstanden, Flyn auch für meine Arbeit zu nutzen und ihn zum Therapiebegleithund auszubilden. Er hat einen Wandel vom Begleiter erst zum Hobby, dann zum Arbeitskollegen gemacht!

Für die Kinder gehört er einfach dazu. Er ist eindeutig auch Motivator, Katalysator, Beziehungspartner, Lernpartner. Wenn unser Kleinster, der Maik, mal wieder nicht weiß, wohin mit seinen Energien, dann hält Flyn ihn aus und bietet sich als Unterstützer an, der diese Energien aufnimmt.

Deine Kinder mögen Hunde generell?

Am interessantesten ist das Verhalten unseres jüngsten Sohnes, der unseren eigenen Hund als Familienmitglied sieht. Aber wenn er auf fremde Hunde trifft, sagt er zu ihnen »Katze«, will sogar nach ihnen treten. Fremde Hunde haben für ihn scheinbar einen ganz anderen Stellenwert als Flyn, er generalisiert das nicht.

Warum ist Flyn dein Traumhund?

Sein Charakter! Seine innere Sanftheit im Gegensatz zu seiner unfassbaren Größe, seine Begeisterungsfähigkeit und sein Wille, Neues zu lernen! Meistens ist er in der Hundeschule motivierter als ich!

Wie nimmst du die Einstellung deiner Umwelt zu dir als Mutter mit Hund wahr?

Ich trenne das aus pragmatischen Gründen relativ häufig, Mutter oder Hundeführerin zu sein. Doch wenn ich dann schon mal mit Kinderwagen und Hund unterwegs war und davor noch ein Kind mit Fahrrad oder Skateboard, erntete ich oft unverständige Blicke, besonders weil der Hund so groß und weil er schwarz ist. So in die Richtung: »Warum tut sie sich das an?«

Du bist also nicht oft mit Kind UND Hund zusammen unterwegs?

Ein gemeinsames Handling außerhalb des Hauses ist oft schwierig, ich trenne es bewusst für mich. Ich genieße die Zeit allein mit meinem Hund, das ist meine Oase, und die möchte ich eigentlich auch nicht teilen!

Daheim erfahre ich viel Unterstützung durch meinen Mann. Er ermöglicht mir meine familiären Auszeiten und übernimmt dann Kinder, Haushalt und was so anfällt.

Haben deine Kinder in der Hundeerziehung etwas zu sagen?

In Erziehung im Sinne von Ausbildung gar nicht. Aber ich erwarte, dass meine Kinder die Hunde-Regeln, die ich aufgestellt habe, einhalten und das machen sie auch!

Ich habe mit meinem Mann und allen drei Kindern in meiner Hundeschule ein Seminar zum Thema »Kind und Hund« besucht. Das war sehr hilfreich und ich würde dies allen Familien empfehlen. Wenn eine Hundefachfrau über Regeln spricht, wird das von den Kindern und auch vom Ehemann (grinst) besser angenommen als wenn ich von der Hundeschule nach Hause komme und über diese Dinge »referiere«. Sollte man kein Seminar zum Thema finden, kann man auch die Hundetrainerin um einen Hausbesuch bitten, bei dem die Fragen aller Familienmitglieder geklärt werden können!

Passt der Buchtitel auch auf deinen Partner?

Mein Mann hat durch unseren Hund eine grundsätzliche Annäherung an Hunde erfahren, er übernimmt mindestens eine Gassirunde jeden Tag. Insgeheim glaube ich, dass auch er das mittlerweile als Ritual und als seine kleine Auszeit genießt! Seit neuestem fühlt er sich auch für die BARF-Ernährung verantwortlich und ist sozusagen der Versorger des Hundes.

Was ist das schwerste daran, als Mutter auch einen Hund zu halten?

Die größten Schwierigkeiten bereitet der Faktor Zeit! Kinder und Hunde zu erziehen benötigt Ruhe und Zeit. Wenn man dann noch berufstätig ist, wie ich, ist das schon ein organisatorischer Kraftakt, alles unter einen Hut zu bringen. Die größten Schwierigkeiten sehe ich persönlich in der Welpen- und Erziehungsphase. In unserem Fall kommt noch hinzu, dass ich durch die Verhaltensauffälligkeiten des einen Kindes ständig gut beobachten muss. Ich muss den Hund trainieren, dass er angemessen reagiert, aber ich muss auch dafür sorgen, dass er ausreichend Schutz und Rückzugsmöglichkeiten erhält.

Klingt anstrengend ...

Ja, in der Anfangsphase fand ich es sehr anstrengend. Ich hatte andere Phantasien darüber, wie leicht es mir fallen würde, auch noch einen Hund zu erziehen. So nach

Kinderwagen und Hund

Da gibt es schon mal verständnislose Blicke.

Geheimtipp

Ausgeglichenheit und auch mal Fünfe gerade sein lassen.

dem Motto: »Drei Kinder erzogen, da kann's ja nicht schwer sein, einen Hund zu erziehen«. Wie viel Zeit das letztendlich benötigt, das habe ich in der Anfangszeit falsch eingeschätzt. Meine Phantasie ähnelte der Lassie-Philosophie: Hund und ich streifen gemeinsam ohne Leine durch Felder, Wiesen und Wälder, Hund orientiert sich von selbst an mir. Das aber viel Jagdtrieb vorhanden sein könnte und wir jetzt mit Schleppleine über die Felder laufen, das hatte mein Plan nicht vorgesehen … (grinst)

Gab es mal eine besonders haarige Situation?

Ich bemühe mich um größtmögliche Ausgeglichenheit, so dass ich keine großen Katastrophen hatte. Mein Ziel ist immer gutes Zeitmanagement, Humor bewahren und auch mal Fünfe gerade sein lassen – auch wenn das Kind die Stromrechnung im Wassernapf versenkt und der Hund die Matschreste vom Spaziergang an der hellblauen Wand ausschüttelt.

Ist Entspannung möglich?

Klar, mit einem schönen langen Hundespaziergang, alternativ mit einem Latte macchiato und einem guten Buch.

Und »Glück«?

Mit dem zufrieden sein, was ich im Hier und Jetzt habe, meine lieben Menschen um mich haben, gesund sein.

Welche Verantwortung trägst du?

Für andere und mich gleichermaßen Sorge zu tragen. »Für das, was du dir vertraut gemacht hast, bist du dein Leben lang verantwortlich!« Das nehme ich mir sehr zu Herzen und versuche auch, danach zu leben.

Was gefällt dir an deiner Lebenssituation am besten?

Die schönsten Momente sind für mich, wenn Hund und Kinder miteinander Zeit verbringen und das für alle schön ist. Ich mag es, wenn Entspannung für alle da ist. Wir haben einen großen Sitzsack und wenn der Hund sich lagert, die Kinder sich darum versammeln, eine Kassette hören oder einfach nur die Wärme und den Geruch des Hundes genießen, er sich wohlig auf den Rücken dreht und sich von den Kindern streicheln lässt, das sind durchaus auch Glücksmomente für mich.

An meiner Lebenssituation würde mir am besten gefallen, wenn ich meinen Hund vermehrt in meiner Arbeit einsetzen könnte, weil ich diese positiven Effekte, die ich bei meinen eigenen Kindern erlebe, auch in der Umsetzung in meiner Tätigkeit als Pädagogin sehe und das gerne ausbauen möchte.

Ein Familienhund als Therapiebegleithund?

Ja, klar. Die Bandbreite der Einsatzmöglichkeiten ist groß. Der Therapiebegleithund wird von seinem Hundeführer geschult, der einen Kernberuf im pädagogischen, therapeutischen, psychologischen oder medizinischen Arbeitsfeld erlernt hat, zum Beispiel einem Pädagogen, Ergotherapeuten oder Logopäden. Gemeinsam werden Mensch und Hund in speziellen Ausbildungsinstituten als Team ausgebildet. Der Hund wird in seinem Wesen und in seinem Grundgehorsam geprüft. Vor allem aber lernt der Mensch: Bei welchen Indikationen kann ich welche Therapiemethoden einsetzen, um meine pädagogischen, therapeutischen Ziele beim Kind oder Patienten zu erreichen? Ich habe mich dem »Fachkreis für Therapiebegleithunde West« angeschlossen, um an einer Qualitätssicherung in der tiergestützten Therapie mitzuarbeiten. Dort wird auch fachlicher Austausch geboten. Ausbildungsstandards werden erarbeitet, um sie an Ausbildungsinstituten zu etablieren. Hier finden auch regelmäßige Nachprüfungen des Therapiebegleithunde-Teams statt.

Hast du einen Rat für andere Mütter, die sich einen Hund wünschen?

Ich würde mich vorher gut informieren, welche Hunderasse ich mir anschaffen möchte. Dazu würde ich genau meine Lebenssituation überprüfen: Wie viel Zeit kann ich aufbringen? Wie viel Bewegung möchte ich selbst haben? Wie viel geistige Auslastung braucht die Rasse, die ich mir da ausgesucht habe? Es sollte kompatibel mit den familiären Zusammenhängen sein. Ich persönlich würde die Kinder schon im Kindergartenalter haben wollen, weil ich das Handling mit Kinderwagen ziemlich anstrengend fand. Ich denke, wichtig ist, sich das vorher zu überlegen. Auch wie viel Platz habe ich? Wie bekomme ich alle in meinen Kombi und so weiter. Aber: trotz aller organisatorischer Schwierigkeiten ist das Leben mit Kindern und Hund(en) toll und bereichernd für alle Familienmitglieder. Ich möchte es nicht missen.

Monika Aldenhoff

Interviewpartnerin: Monika Aldenhoff

Monika lebt mir Ihrem Mann Olaf und den Söhnen Johannes (11) und Bernd (14) in Mönchengladbach. Zur Familie gehört die spanische Wasserhündin Sally.

Als du selbst ein Kind mit Hund warst, wie sind deine Eltern damals mit dieser Thematik umgegangen?

Bei uns zuhause waren die Hunde einfach da, mal einer, aber auch schon mal zwei. Sie sind mit zur Jagd gegangen, Arbeitshunde halt, ansonsten sind sie einfach so rumgelaufen. Meine Eltern haben zwar geschaut, dass wir vernünftig mit den Hunden umgehen, nicht an den Ohren oder am Schwanz zogen. Ansonsten waren wir Kinder da und eben auch die Hunde.

Erzähl doch mal von deiner ersten großen Hundeliebe!

Der Hund, mit dem ich groß geworden bin, war meine erste Hundeliebe. Das war einfach schön. Wenn ich nach Hause kam, war er da. Aber Sally ist mein erster eigener Hund und deswegen meine ganz große Hundeliebe.

Wie kam es denn dazu, dass du jetzt Mutter und »Frauchen« bist?

Der Wunsch nach dem eigenen Hund war schon vier oder fünf Jahre da. Dann hat sich meine Schwester einen Hund gekauft, als mein Sohn Johannes zwei Jahre alt war. Ich habe mit Sohn und Welpe eine Runde gedreht und musste erkennen, dass es noch zu früh war für einen Hund. Als mein Sohn dann etwas größer war, musste ich noch drei Jahre mit meinem Mann um den Hundewunsch kämpfen – schließlich gab er nach!

Was haben Kinder und Hunde deiner Meinung nach gemeinsam? Was unterscheidet sie?

Bei Kindern und bei Hunden muss man gleichermaßen konsequent sein. Meine Kinder sind da unterschiedlich: Dem Großen kann man häufiger mal was durchgehen lassen, ohne dass er das hemmungslos ausnutzt. Dem Kleinen gibt man den kleinen Finger, und er reißt einem den ganzen Arm aus.

Beim Hund ist es ähnlich. Mal sage ich einfach okay und lasse etwas einreißen. Aber wenn Sally dann auf dem nächsten Spaziergang ihr eigenes Ding macht, ohne mich zu beachten, da sind wir wieder bei der Konsequenz. Das ist bei Kindern und Hunden sehr ähnlich. Es ist wichtig, eine bestimmte Linie zu finden, an der sie sich festhalten können, beide! Wobei man mit Kindern ja auch reden, Dinge erklären kann. Ab einem bestimmten Alter können sie auch selbst Lösungsansätze finden. Beim Hund muss ich Zeit seines Lebens alles vorgeben. Diskutieren kann man da nicht!

Welche Rolle hat Sally in deiner Familie?

Am Anfang war Sally von meinem Mann nicht akzeptiert – er fand, sie sei halt so ein Vierbeiner. Aber mittlerweile ist sie ein komplettes Familienmitglied. Sie sorgt dafür, dass ich rauskomme, gemeinsam mit ihr in der Natur bin.

Wie sieht die Beziehung deiner Kinder zum Hund aus?

Die Kinder sehen in Sally einen angenehmen Spielkameraden und finden es schön, dass sie da ist, wenn sie nach Hause kommen. Ich bin teilweise berufstätig und so ist trotzdem jemand da, der die Kinder begrüßt!

Pflichten beim Hund haben meine Kinder nur zu erfüllen, wenn ich zur Arbeit weg bin. Dann ist es ihr Job, mal mit Sally raus zu gehen oder sie zu füttern. Das machen

Die klare Linie

Daran muss man bei Kindern und Hund festhalten.

sie gern. Genauso gern wie mit ihr zu schmusen und mit ihr rumzutoben. Wenn die beiden dann wuseln, dann wuselt der Hund dazwischen. Nur beim Fußballspielen wird Sally bewusst ausgeschlossen, denn sie bekommt den Ball immer schneller als die Jungs ... (grinst)

Was magst du an Sally besonders?

Sally ist sehr auf mich bezogen. Sie lässt mich nicht links liegen und beschäftigt sich mit anderen Dingen oder rennt beim Spazierengehen einfach los, sie will lieber was mit mir unternehmen. Das finde ich schön.

Das klingt toll. Gibt es denn auch Sachen, die dir nicht gefallen?

Ja, der klassische Perro de Agua Español ist sehr zurückhaltend. Aber es haben nicht alle Menschen Verständnis dafür, dass sich dieser Hund nicht gleich anfassen lässt. Das ist oft anstrengend. Ich habe da Erklärungsnöte, dass Sally das einfach nicht will. Es gibt viele, die dafür kein Verständnis haben und auf Biegen und Brechen den Hund anfassen wollen. Aber eigentlich gefallen mir da die anderen Menschen nicht, weniger mein Hund.

Wie gehen andere Menschen mit dir als Mutter mit Hund um?

Für mich hat sich nichts negativ verändert. In unserer hundere chen Nachbarschaft dreht man mal morgens gemeinsam seine Runde oder hilft sich gegenseitig auch mal aus. Als Sally anfangs noch nicht allein bleibe wollten, durften wir sie zu allen Freunden mitnehmen. Da ist sie offen empfangen worden.

Erhältst du in deiner Funktion als Mutter UND Hundehalterin Unterstützung?

Bis vor kurzem hat meine Schwester nebenan gewohnt – auch mit Hund, so dass es da nie Probleme gab. Ansonsten habe ich sehr nette Nachbarn, die auch gerne mal einspringen. Genau wie meine Mutter. Am Wochenende ist mein Mann da und somit mit mir gemeinsam zuständig.

Inwieweit passt der Buchtitel »Mit Kind und Köter« auch auf deinen Partner?

Also wenn es nach meinem Mann gegangen wäre, wären wir immer noch »köterlos«. Ich habe wirklich ganz viele Jahre gebraucht, um ihn zu überreden. Irgendwann habe ich gesagt: »Wenn ich irgendwann uralt bin und noch nicht mal einen einzigen Hund gehabt habe, dann hat mir wirklich was gefehlt in meinem Leben.« Da hat mein Mann gesagt: »Okay, noch zwei mal Sommerurlaub und dann gibt's deinen Hund!« Sally hat ihn dann voll überzeugt und so umgarnt, dass er nun findet, dass ein Leben mit Hund etwas Schönes ist. Er ist auch mittlerweile derjenige von uns, der weniger Hemmungen hat und entspannter als ich ist, Sally überall mit hin zu nehmen

Wo liegen für dich persönlich die Schwierigkeiten, als Mutter auch einen Hund zu halten?

Weil es unser erster Hund war, fand ich es zu Anfang sehr anstrengend, denn die Kinder mussten viele Verhaltensregeln neu lernen, zum Beispiel, dass ein Hund eine Rückzugsmöglichkeit und Ruhe braucht. Gerade Johannes musste erkennen lernen, wann Schluss ist und er Sally nicht weiter bedrängen darf. Wenn die Kinder Besuch

Hundereiche Nachbarschaft

Da dreht man auch gemeinsam die Hunderunden.

hatten, das war auch nicht immer einfach zu handhaben. Da war der Hund was Tolles, was Neues, da wurde wild gewuselt und ich musste ständig aufpassen, dass es Sally nicht zuviel wurde. Schließlich ist Sally ja auch eine, die erst mal gucken muss, wer da neu reinkommt. Kenne ich den? Was ist das für einer? Da jedem gerecht zu werden, war für mich wirklich anstrengend, aber jetzt hat es sich gut eingespielt.

Was war deine letzte kleine Katastrophe?

Das war, als ich mich ausgesperrt hatte, Hund drinnen, Kinder – natürlich ohne Haustürschlüssel – zur Schule, Mann bei der Arbeit und kein Schlüssel irgendwo draußen deponiert. Ich war zuerst noch ganz entspannt und bin arbeiten gegangen. Bis ich hörte, dass mein Kind auch keinen Schlüssel hatte und meine Mutter nicht erreichbar war. Da wurde ich dann doch nervös, irgendwann muss ja Sally raus, die Kinder rein, ich rein. Zum Glück konnte ich mir ein Auto leihen und den Schlüssel bei meinem Mann abholen.

Freizeit – wie sieht die bei dir aus?

Am liebsten wusele ich im Garten rum, bin einfach draußen. Ich fahre auch gerne Fahrrad oder ich liege mit einem Buch auf der Couch, natürlich ohne Hund!

Liegen »Glück« und Verantwortung nah oder weit auseinander?

Mein Glück bedeutet, dass meine Familie gesund ist! Das greift ineinander. Es ist schließlich meine Verantwortung, dass die Kinder immer was zum Essen und zum Anziehen haben. Wenn ich irgendwelche Verpflichtungen eingehe, will ich die auch einhalten. Ich verantworte auch, dass meine Kinder zu vernünftigen Menschen werden.

Gibt es schönste Momente?

Am schönsten finde ich, wenn Kind und Hund miteinander Spaß haben oder eben wenn Kind und Hund zusammen kuscheln. Das ist für mich das Größte.

Ein Rat für andere Mütter, die sich gern einen Hund anschaffen möchten?

Mein Rat: Man soll sich bewusst sein, dass man selbst für den Hund verantwortlich ist. Dass nicht die Kinder den Hund bekommen, sondern die Eltern, sei es Mutter oder Vater. Das ist wichtig.

Verantwortung

und Glück liegen nah beieinander.

Nel Adema

Interviewpartnerin: Nel Adema

Nel Adema lebt mit ihrem Mann Henk, ihrer jüngsten Tochter Marit (17) und den beiden Hamiltonstövare Svear (13) und Andra (3,5) in den Niederlanden. Da Nel mit Matthijs (22) und Sjoerd (23) auch noch zwei ältere Kinder hat, kann sie über das Leben als Mutter und Hundehalterin in unserem Nachbarland einiges erzählen.

Wie bist du auf den Hund gekommen?

Ich wollte als Kind immer einen Hund haben. Jedes Jahr habe ich mir zum Geburtstag und zu Sinterklaas einen gewünscht. Aber ich bekam keinen. Als ich 18 Jahre alt war, musste ich ein Examen wiederholen, da sagte mein Vater: »Wenn du dein Examen gut machst, bekommst du einen Hund!« Ich habe daraufhin sehr viel gelernt und das Examen bestanden! Ich jubelte dann nicht: »Ich habe bestanden!« sondern: »Ich bekomme einen Hund!«

Schwarz-weiß

Mit Hunden kann man nicht reden.

Kannst du über diesen Hund etwas erzählen?

In der Vorbereitungszeit auf das Examen arbeitete ich am Wochenende bei einem Beaglezüchter. Dieser Züchter versprach mir einen seiner Hunde, wenn ich bestünde. Darum wurde ein Beagle mein erster Hund. Ich begann mich dann, für diese Rasse und andere Bracken intensiv zu interessieren. Mit diesem Hund hatte ich großen Spaß. Ich besuchte Kurse in der Hundeschule und unternahm mit ihm viele lange Wanderungen.

Mutter und »Frauchen« sein – wie kam das bei dir?

Ich hatte den Beagle bereits neun Jahre, bevor ich heiratete. Als Zweithund schafften wir uns nach unserer Hochzeit einen Hamiltonstövare an und zwei Jahre später kamen nacheinander die Kinder.

Was hatten die Kinder und die Hunde gemeinsam?

Kinder und Hunde müssen natürlich erzogen werden, das ist klar. Bei Hunden sieht das Ganze eher »schwarz-weiß« aus. Mit Hunden kann man ja nicht reden wie mit Kindern.

Haben deine Hunde eine Aufgabe zu erfüllen?

Wir haben Familienhunde. Unsere Kinder streicheln sie gerne, die Hunde bieten ihnen Trost und sind immer für ein Spielchen zu haben. Die Kinder haben ihnen zum Beispiel das Apportieren beigebracht. Ich selbst war mit ihnen regelmäßig in der Hundeschule zum Jagdtraining auf Schweißspur. Meine Hunde begleiten mich zum

Beispiel auch in den Hundeclub, in dem ich unterrichte. Sie zeigen dann engagiert, wie eine Übung aussehen sollte.

Kannst du deine Beziehung zu deinen Kindern mit der zu deinen Hunden vergleichen?

Meine Kinder sind meine Kinder, da bin ich die Mutter! Meine Hunde sind meine Hunde, da bin ich das Frauchen! Mehr kann ich dazu nicht sagen.

Wieso DIESE Hunde?

Meine Hunde sind Hamiltonstövare, diese »Schwedischen Laufhunde« sind schon ganz besondere Exemplare. Ich bin sehr stolz, dass ich sie aus Schweden bekommen habe. Ich gehe oft auf Ausstellungen und habe viele Preise und Titel gewonnen, das macht mich glücklich. Es sind schöne Hunde. Ich liebe sie sehr. Vor 25 Jahren war ich die einzige »Hamilton«-Besitzerin in Holland, momentan gibt es hier vier Exemplare dieser Rasse.

Was sagt die Familie zu dieser entflammten Leidenschaft bei dir?

Mit einem Hund war das früher okay, die Familie war das gewohnt. Als dann der zweite Hund dazukam und noch drei Kinder folgten, sah das schon ein wenig anders aus. Es ist beispielsweise nicht so einfach, mit drei Kindern und zwei Hunden Familienbesuche abzustatten. Mittlerweile lieben die meisten meiner Familie die Hunde, es sind außer mir noch ein paar »Hundeverrückte« darunter. Mit den Nachbarn haben wir keine Probleme, da unsere Hunde sehr ruhig sind. Drei Kinder machen mit Sicherheit größeren Lärm als diese beiden.

Ist der Alltag mit Kind und Hund etwas Besonderes?

Als die Kinder klein waren, war der Alltag etwas schwieriger zu bewältigen. Die Kinder waren beim Hunde-Spaziergang dabei, und die Hunde gingen mit, wenn ich die Kinder in den Kindergarten brachte. Heute sind zwei Kinder aus dem Haus, nur noch Marit lebt mit meinem Mann und mir zusammen, da ist es einfacher. Nun habe ich den ganzen Tag mehr oder weniger Zeit, mit den Hunden herumzuknuddeln.

Familienbesuche

waren mit drei Kindern und zwei Hunden nicht einfach.

Wer unterstützt dich bei Schwierigkeiten?

Früher habe ich alles alleine gemacht, heute hilft meine Tochter hin und wieder mit. Wenn ich mal ein Wochenende oder einen Tag nicht zuhause bin, dann geht sie gerne mit den Hunden spazieren und kümmert sich um sie.

Sollten deine Kinder in der Hundeerziehung mitmischen?

Als die Kinder klein waren, habe ich ihnen beigebracht, wie man mit Hunden umgeht. Ich erklärte ihnen, dass sie sie in Ruhe schlafen lassen müssen und solche Dinge. Heute ist es einfacher, aber manchmal muss ich meiner Tochter immer noch sagen, wie man sie behandelt. Sie hat für ihre Fehler, die sie im Zusammensein mit den Hunden macht, nicht das richtige Gefühl.

In wieweit passt der Buchtitel »Mit Kind und Köter« auch auf deinen Partner?

Ehrlich gesagt passt er mehr zu mir! (schmunzelt)

Von welchen Schwierigkeiten kannst du berichten?

Natürlich gab es Schwierigkeiten, als die Kinder klein waren, denn die Hunde brauchten eben auch entsprechend viel Aufmerksamkeit. Ich musste darauf achten, dass die Kinder nicht immer die Nummer Eins waren, denn auch für die Hunde musste Zeit sein. Als die Kinder älter waren, wurde es leichter. Da hatte ich dann automatisch auch mehr Zeit für die Hunde. Probleme bekam ich, wenn ich meine Familie besuchen wollte, ich musste meine Hunde dann in eine Hunde-Pension bringen. Das tat mir leid.

Können Kinder, Hunde und Familie auch mal zu viel werden?

Und ob! Eben diese Situationen, wenn wir mal ausgehen oder ein paar Tage ohne Hunde verreisen wollten, waren schwer zu lösen. Es hat mir jedes Mal Kopfschmerzen bereitet, die Tiere irgendwo unterzubringen. Das war dann wirklich eine Belastung und durchaus auch mit Ärger verbunden.

Was war deine letzte größere Katastrophe?

Ich war draußen, die Hunde im Haus, der Schlüssel passte ganz plötzlich nicht mehr ins Türschloss. Eine blöde Situation. Mein Nachbar half mir und wollte mit Hilfe einer Leiter ein Fenster im ersten Stock erreichen. Er fiel unglücklicherweise von der Leiter und verletzte sich zwei Bandscheiben, Wange, Ohr und Auge. Er musste viele Wochen im Krankenhaus verbringen. Das war wirklich schrecklich.

Die zweite Geschichte ist eher lustig: Vor Jahren spürte mein Hund eine kleine Katze auf, die am Ufer eines Tümpels herumtapste. Er zerrte dermaßen an der

Leine, dass er mich quer durch jede Menge Brennnesseln ins Wasser zog. Das war eine urkomische Situation. Zurück im Hause musste ich immer noch darüber lachen, obwohl meine Haut ganz schön brannte.

Heute hast du mehr Freizeit als früher – was machst du damit?

Ich verbringe meine Freizeit natürlich gerne mit meinen Hunden. Ich fahre oft zu Ausstellungen in Deutschland, Holland und Belgien, bin regelmäßig in der Hundeschule und schreibe Texte für die Verbandszeitung des Brackenclubs. Aber ich mache selbstverständlich auch mal etwas ohne die Hunde: Mit meinem Partner gehe ich gerne und oft zum Kanufahren.

Wie entspannst du?

Beim Lesen eines guten Buches. Außerdem bin ich im Internet in Hundeforen »unterwegs« und schaue auch mal fern.

Wann empfindest du »Glück«?

Wenn meine Kinder, meine Familie und meine Hunde gesund und lebensfroh sind, wenn sie ihr Leben sichtlich genießen. Spaß mit den Hunden zu haben, auch das bedeutet Glück für mich. Wenn ich meinem ältesten Sohn beim Musikmachen zuhöre, dann bin ich glücklich, und wenn meine Tochter ihr Examen gut besteht, auch das ist ein Moment, in dem ich großes Glück empfinde.

Erwachsene Kinder

können in der Hundehaltung eine große Hilfe sein.

Und die schönsten Momente als Mutter und Hundehalterin?

Als Mutter natürlich die Geburt meiner drei Kinder. Als Hundehalterin der Moment, als ich meinen ersten Hund bekam, den Beagle. Und als ich nach sieben langen Jahren Wartezeit meinen ersten Hamiltonstövare in unserer Familie begrüßen konnte.

Was meinst du zum Thema Verantwortung?

Die Verantwortung, die wir Kindern gegenüber haben, ist enorm. Aber wir tragen auch eine große Verantwortung für unsere Hunde, dass es ihnen gut geht. Ich habe dafür Sorge zu tragen, dass aus meinen Kindern gute Menschen werden und meine Hunde richtig erzogen und versorgt sind.

Was würdest du heute anders machen?

Mein Leben würde ich nicht ändern – da finde ich alles gut, was ich gemacht habe. Was ich gerne hätte, wäre ein Haus am Wald mit einem großen Grundstück, auf dem meine beiden Hunde frei laufen können.

Wenn deutsche Mütter mit »Kind und Köter« in den Niederlanden Urlaub machen möchten, was sollten sie beachten?

Natürlich muss der Impfausweis, heute in der Regel der EU-Heimtierausweis, mitgenommen werden. Außerdem müssen die Tiere durch einen Mikrochip identifiziert werden können. Mittlerweile dürfen alle Hunde in die Niederlande einreisen. Es gab ja eine Weile einen großen Wirbel um das Einreise- und Ausreiseverbot von so genannten »gefährlichen Hunden«. Diese Bestimmung wird derzeit überarbeitet und demnächst verabschiedet. Wenn eine Familie einen Pitbull oder einen Hund einer ähnlichen Rasse besitzt, sollte sie sich vorher gut informieren, auf welchem Stand die Bestimmungen derzeit sind. Sich im Vorfeld ausgiebig zu informieren, ist sowieso am Allerwichtigsten.

Das gilt natürlich auch, wenn ein Hund in die Familie kommen soll?

Wenn eine Mutter mit dem Gedanken spielt, einen Hund anzuschaffen, sollte sie gut darüber nachdenken, ob auch wirklich sie den Hund haben möchte, der Hundewunsch nicht nur bei den Kindern besteht. Es ist keinesfalls empfehlenswert, einen Hund nur für die Kinder anzuschaffen. Die Kinder können sich nicht alleine um einen Hund kümmern, das wäre verantwortungslos sowohl den Kindern als auch dem Hund gegenüber. Die Mutter muss sich immer mit einbringen können und ausreichend Zeit dazu haben. Natürlich ist es wichtig, dass beide Partner einverstanden sind und sich die Verantwortung teilen. Nur so kann es klappen.

In die Niederlande mit Hund

Impfausweis und Mikrochip sind Pflicht für Urlaubshunde.

Sabine Heuthe

Interviewpartnerin: Sabine Heuthe

Sabine Heuthe lebt als berufstätige Mutter von Fabian (15) und Lea (11) mit ihrem Mann Ingo und den Hunden Tom (Jack Russell), Carlo (Bretone-Setter-Mix) und Emma (Pointer-Setter-Mix) in einem Reihenhaus in einer kleinen Stadt am Niederrhein. Dort empfängt uns lebhaftes Gewusel: ein Jack Russell Terrier, zwei Jagdhunde und sechs acht Wochen alte Welpen begrüßen uns.

Gab es in deiner Kindheit einen Familienhund?

Unser Familienhund früher wurde gar nicht erzogen, dementsprechend hat er sich auch verhalten. Er hat uns Kinder in Angst und Schrecken versetzt, hat uns in Schach gehalten, wenn wir im Bett lagen und all solche Sachen. Als Kind hatte ich ein sehr gestörtes Verhältnis zu diesem Hund, diese erste Erfahrung war nicht so toll.

Meinen Eltern war das ziemlich egal, der Hund wurde zwar rausgeschickt, aber über Erziehung wurde nie gesprochen, der Hund war einfach da und irgendwann wurde er auch wieder abgeschafft, weil keiner mehr mit ihm umgehen konnte. Damals hat sich auch niemand schlau gemacht, also dass man sich mal Bücher angeschaut hat oder in eine Hundeschule ging. Der Hund wurde dann bei einem Bauern entsorgt und das war's dann.

Wie kam es denn nach solch abschreckenden Erlebnissen zu deiner eigenen Liebe zu Hunden?

Ich war 17 und habe mit meiner Schwester zusammengewohnt, wir sind früh von zuhause ausgezogen. Ich kannte jemanden, der einen Wurf Mischlinge hatte und die Welpen mussten weg. Einer blieb übrig und den habe ich genommen. Das war Bonny. Meine erste große Liebe, Bonny …
(Sabine sagt den Namen ganz verträumt und zärtlich und schweigt danach erstmal.)

Wie ging es weiter?

Ich hatte auch Zeiten ohne Hund. Bonny wurde damals überfahren – grauenvoll – da war ich erstmal geheilt vom Thema Hund. Dann habe ich meinen Mann kennengelernt, wir sind in eine neue Wohnung gezogen und da musste dann auch ein Hund her. Wir sind zum Züchter gefahren und haben dort Tom abgeholt.

Als dann auch die Kinder da waren, fielen dir Ähnlichkeiten im Umgang mit Hund und ihnen auf?

Das hört sich vielleicht für Nicht-Hundehalter schlimm an, aber ich vergleiche sehr gerne die Erziehung von beiden. Wenn ich nicht konsequent bin, bekomme ich direkt die Retoure von beiden Seiten. Sie spiegeln mir, was ich tue! Und das ähnelt sich sehr. Der Unterschied ist natürlich: die Hunde können mit mir nichts aushandeln, da bin ich konsequenter. Die Kinder diskutieren, da lass ich mich schon eher erweichen.

Wie ein Spiegelbild

Kind und Hund zeigen uns, wie wir selbst uns verhalten.

Ich sehe dich hier in einem Nest sitzen, drei erwachsene Hunde und sechs Welpen, jetzt acht Wochen alt! Welche Stellung haben die Hunde in der Familie?

Sie spielen eine ganz große Rolle! Sie sind Familienmitglieder! Tom, Carlo und Emma sind meine zusätzlichen Kinder, das sehe ich eigentlich so. Sie sind da als Trost. Für die Kinder ist das wunderbar, wenn wir mal miteinander Streit haben. Besonders für unsere Tochter ist das sehr wichtig, sie holt sich einen Hund ins Kinderzimmer und erzählt ihm ihren ganzen Seelenschmerz.

Für mich sind sie auch wichtig als Momente zum Stressabbau. Wenn ich von der Arbeit komme und sie sind da, dann kann ich alles loslassen, das ist wunderbar. Für meinen Mann ist das genauso, wenn wir Stress haben, dann packte er sich die Hunde und rennt in den Wald und ist total entspannt, wenn er wiederkommt.

Die Hunde sind also Trost für die Kinder. Und sonst?

Die Beziehung der Kinder zu den Hunden würde ich als gut bezeichnen, obwohl: sorgen, also sich kümmern, machen sie nicht so gerne, gehen nicht gerne spazieren, weil alle unsere Hunde viel Kraft haben und das anstrengend ist. Es fehlen noch die Dinge, die ich mir wünsche, zum Beispiel, dass sie einfach sehen, dass der Napf leer ist und dann frisches Wasser hinstellen. Es ist noch nicht so, wie ich es

gerne hätte. Aber ansonsten haben sie ein super Verhältnis zu den Hunden. Es liegt wahrscheinlich auch daran, dass die Kinder von Anfang an mit Hunden gelebt haben.

Hundeliebe, Kinderliebe – was wiegt mehr?

Wenn ich mich entscheiden müsste, würde ich mich natürlich für die Kinder entscheiden, würde aber alle Hebel in Bewegung setzen, beide bei mir haben zu können. Es ist halt eine andere Beziehung, kann ich nicht erklären! Ich liebe beide, Kinder und Hunde, also zu beiden habe ich eine Liebesbeziehung.

Und was ist das Tolle an diesen Hunden hier?

Die sind alle immer gut gelaunt, wenn ich nach Hause komme, die freuen sich immer, egal wie der Tag war. Sie sind nicht nachtragend wie der Mensch, wenn es mal ein Gerangel gab, sie sind immer positiv – das ist wirklich so.

Was sagen die Leute zu eurem Kinder- und Hundezirkus?

Ich werde öfter belächelt, wenn ich mit drei Hunden ankomme. Früher ja auch noch mit Kinderwagen und Kiddiboard vorne drauf, dazu hatte ich noch ein Tageskind und die Hunde! Da hab ich schon mal gehört, dass Nachbarn sagten: »Da kommt Frau Heuthe wieder, die Verrückte mit den drei Hunden. Jetzt hat sie auch noch ein

Pflegekind.« Ich war sicherlich oft Gesprächsthema. Es gibt auch viele, die sagen: »Wie schafft du das nur, Kinder, Haushalt und die Hunde!« und sind dann ganz erstaunt, wenn sie mal herkommen und sehen, dass ich nicht im Dreck ersticke, dass es doch einigermaßen geordnet zugeht und wir nicht aus dem Hundenapf essen. Viele Leute haben so ein Schubladensystem und denken, drei Hunde, das kann nichts sein, da muss es schmutzig sein, das kann doch alles nicht funktionieren. Da hab ich auch viel negative Erfahrung gesammelt.

Irgendwie muss sich der Alltag mit Kind und Hund ja auch regeln …?

Ich frage mich auch oft, wie ich das schaffe, aber ich werde super unterstützt von meinem Mann! Der Tag fängt an, indem er sich morgens die Hunde für die erste Runde schnappt und ich die Kinder für die Schule fertig mache. Mittags geh ich mit den Hunden raus und koche dann, nachmittags geht er wieder. Wir ergänzen uns und das funktioniert wunderbar. Alleine würde ich das gar nicht schaffen, dann hätte ich keine drei Hunde. Aber so ist es doch eine super Aufteilung

Unterstützt dich sonst noch jemand?

Außer mein Mann? Die Kinder sind da wenig hilfreich, die gehen schon mal mit den Hunden raus, aber da muss ich hinterher sein. In der Familie kann ich nicht hoffen,

Die Verrückte mit den vielen Hunden …

Trotzdem sieht's zuhause ordentlich aus.

dass da einer kommt und sagt: »Ich führ jetzt mal deine Hunde aus.« Deswegen sind die Hunde immer mit dabei, auch im Urlaub! Mit Kind und Köter.

Und was wissen die Kinder über die Bedürfnisse der Hunde?

Die Regeln haben wir ihnen von Anfang an klar gemacht, als sie noch ganz klein waren. Sie haben gelernt, dass der Hund auch seine Ruhestätte braucht, wir haben ihnen vieles erklärt, so dass es heutzutage kein Thema ist.

Dein Mann möchte auch immer »mit Kind und Köter« sein?

Ja, mein Mann ist absoluter Hundenarr. Durch ihn habe ich die Angst erst verloren, denn als wir uns kennengelernt haben, hatte ich große Panik vor Hunden. Ich stand zitternd da, wenn sich ein Hund näherte, geprägt durch die Erlebnisse meiner Kindheit. In der Hundeschule hab ich dann noch viel dazugelernt: Wie ich auf einen Hund zugehe, wie ich mich selbst stark mache und so was. Das hat mir sehr viel gebracht.

Gab es nicht auch mal Probleme im Zusammenleben mit Hund und Kind?

Nein, wenn ich zurückdenke, ist in dieser Richtung nie was gewesen.

Keine Katastrophen?

Nicht zu vergleichen mit denen von anderen. Meine Schwester hatte einen Reitunfall und sitzt seitdem im Rollstuhl. DAS ist ein Problem und eine Katastrophe. Das hat mich sehr getroffen.

Das Schönste
ist das Verständnis zwischen Kind und Hund.

Wie verbringst du deine freie Zeit?

Für mich ganz alleine habe ich kaum Freizeit. Die meiste Zeit verbringe ich mit meiner Familie.

Und wie schaut es mit purer Entspannung aus?

Entspanne ich überhaupt jemals? (lacht) Ja, ich gehe sehr gerne spazieren, am besten ich alleine mit Hund!

Gib uns eine Definition von deinem »Glück«.

Für mich ist das größte Glück, dass ich gesund bin, meine Kinder gesund zur Welt gekommen sind, dass ich einen tollen Mann habe, das alles ist für mich ein Riesenglück. Und dass ich mein Leben so gestalten kann, wie ich es mir vorstelle!

Und Verantwortung?

Ich habe die Verantwortung, meine Kinder richtig ins Leben zu entlassen und natürlich alles, was dazugehört. Die Tiere bedeuten auch Verantwortung, dass wir die Welpen alle gut untergebracht bekommen. Das ist ein großes Thema.

Gibt es trotz aller Verantwortung auch ganz besondere Momente?

Ja abends, besonders im Winter, wenn das Feuer im Kamin flackert, die Hunde ringsherum verteilt liegen. Alles ist ruhig und zufrieden, das sind solche Glücksmomente, das ist toll. Ich möchte es nicht mehr anders haben.

Bereust du irgendetwas?

Ja, unser erster Hund, der Tom, das war unser »Versuchshund«, den haben wir uns unüberlegt angeschafft, der lief so nebenher. Wir haben uns auch keine großen Gedanken über Erziehung gemacht, sind total unbedacht herangegangen. Das war ein Fehler und wir baden es halt heute noch aus. Unser Sohn war damals drei und das war nicht so günstig. Bei den anderen Hunden haben wir uns viel mehr Gedanken gemacht und uns vorbereitet.

Worüber freust du dich besonders?

Wenn ich zum Beispiel so einen Moment erwische, in dem ich mit meinen Kindern Streit hatte und ich komme dann ins Zimmer und sehe, wie meine Tochter Lea mit der Hündin Emma darüber spricht, das berührt mich schon sehr! Der vertraute Partner, ich sehe dann dieses Verhältnis und dass zwischen ihnen alles stimmt, dass ich doch alles richtig gemacht habe!

Hast du Tipps für andere Frauen mit Kind und Köter?

Da könnte man eine ellenlange Liste machen. Aber als ganz großen Tipp würde ich sagen: Man sollte sich vorher gut informieren, welcher Hund zu einem passt. Sich darüber Gedanken machen, wie viel Zeit man aufbringen kann, wozu man bereit ist, was man auch mal opfern könnte an Zeit und Einsatz. Denn der Hund ist ja Familienmitglied!

Sarah Busch

Interviewpartnerin: Sarah Busch

Sarah war bereits Hundebesitzerin als ihr erstes Kind, Jakob (heute zwei Jahre) geboren wurde. Erst zwei Wochen vor diesem Interview kam ihre kleine Tochter Paula zur Welt. Die Erzieherin in Elternzeit lebt mit ihrem Mann Franz, den Kindern und Labrador Henry in Viersen. Henry kam bereits wohlerzogen mit zwei Jahren zu ihr – sein früherer »Beruf« war Besuchshund im Altersheim.

Wann hast du zum ersten Mal deine Hundeliebe entdeckt?

Als ich etwa acht Jahre alt war, fuhr meine Familie mit einer befreundeten Familie und zwei Wohnwagen nach Südfrankreich in Urlaub. Da ist uns ein Hund zugelaufen, wir nannten ihn »Allez Allez«. Er hat vor unseren Wohnwagen geschlafen, ist überall mit uns hingelaufen, auch ins Schwimmbad, was der Campingplatzbesitzer nicht so toll fand. Das Traurige war, dass wir dann wieder nach Hause fahren mussten. Eigentlich wollten alle den Hund mitnehmen, aber das ging nicht. Da fuhren die Familienväter ein paar Tage vor der Heimreise mit »Allez Allez« einige Kilometer vom Campingplatz weg und warfen Stöckchen. Als er den Stöckchen hinterherlief, fuhren sie weg. »Allez Allez« sollte sich eine andere Familie suchen, eine französische, bei der er bleiben konnte. Alle waren darüber sehr traurig. Doch ein paar Tage später bellte es morgens früh vor dem Wohnwagen – »Allez Allez« war wieder da! Er war die vielen Kilometer zurückgelaufen. Leider mussten wir zwei Tage später endgültig nach Hause fahren. Als wir vom Platz fuhren, bewachte der Hund den Platz und wollte die nächsten Leute nicht dorthin lassen, er hat den Platz verteidigt. Wir Kinder haben alle geweint … Wenn die Grenzen damals schon offen gewesen wären, hätten wir ihn mitgenommen.

Wie kam es dazu, dass du Mutter UND »Frauchen« bist?

Das war ganz einfach: Wir hatten unseren Henry und wir wollten Kinder! So ist das passiert. Jetzt haben wir zwei Kinder und ich bin Frauchen und Mutter sowieso.

Kann man Kinder und Hunde vergleichen?

Kinder und Hunde sind auf einen angewiesen. Beide brauchen Liebe, Zeit, natürlich auch Regeln, Grenzen und konsequentes Handeln. Das lernt man sehr gut am Hund. Ich finde, wenn man nicht gerade Erzieherin ist, kann man das konsequente Handeln gut am Hund lernen, bevor man Kinder bekommt. (lacht) Konsequenz ist wichtig, da sie sich so auf einen verlassen können, man ihren Halt gibt und sie einem vertrauen können. Unterschiede mache ich natürlich auch, denn ich finde, man sollte einen Hund nicht vermenschlichen.

Ganz einfach!

Henry war da und wir wollten Kinder.

Übernimmt Henry in der Familie Aufgaben?

Seine Aufgabe ist, nach dem Essen unterm Esstisch sauber zu machen, diese Rolle erfüllt er mit sehr viel Hingabe. Für Jakob ist er ganz klar Spielgefährte, für meinen Mann ist er Arbeitskollege und für mich, ja, für alle ist er auch Familienmitglied.

Henry ist für deinen Mann ein Arbeitskollege?

Ja, weil er jeden Morgen mit zur Arbeit geht und jeden Abend mit ihm Feierabend macht.

Wie sieht die Beziehung deiner Kinder zum Hund per se aus?

Jakob sieht in Henry einen Spielgefährten, sie spielen sehr viel miteinander. Er teilt auch immer gern mit Henry. Ein Keks für den Hund, einen für Jakob. Er hat nie Probleme gehabt zu teilen, trotz Einzelkindstatus am Anfang. Das Problem mit dem Hund per se ist, dass Jakob leider gar keine Angst vor anderen Hunden hat. Mein Man und ich sind beide der Meinung, wir müssen ihm bald beibringen, dass nicht jeder Hund so ein Schäfchen ist wie unserer.

Welche Stellung hat Henry in eurer Familie?

Ich mag Henry sehr, wenn wir über Zukunft reden, stellen wir uns vor, dass er ewig leben wird. Also, wir mögen uns gar nicht vorstellen, dass er irgendwann mal nicht mehr da ist. Er ist ein Familienmitglied, aber eben das Tier in unserer Familie, er ist der Hund. Und da ist ihm ganz klar, dass er der unterste ist in der Familienhierarchie. Auch als Jakob noch ganz klein war, war Henry schon bewusst, dass wir Jakob immer schützen und er sich deswegen bei ihm nichts rausnehmen darf. Mit der Kleinen ist es jetzt genauso.

Was gefällt dir an Henry besonders gut?

Dass er so ein super Familienhund ist. Er ist immer bemüht, uns zusammenzuhalten als Herde, andererseits er ist auch ein Schäfchen, so herzensgut! Am Anfang, als Jakob auf der Welt war, haben wir ihn natürlich sehr beobachtet. Wir wussten ja nicht, ob er eifersüchtig wird oder nicht. Schließlich war er vorher alleine hier. Aber es war uns schnell klar, dass er verstanden hatte, wie er sich Jakob gegenüber benehmen muss. Und er ist immer so toll mit Jakob umgegangen, lässt alles mit sich machen. Jakob darf bei ihm schon sehr viel – wenn es Henry zuviel wird, geht er einfach. Das find ich eben so super, dass er so toll in unsere Familie passt.

Gehen die Menschen jetzt anders mit dir um, wo du nun neben dem Hund auch Kinder hast?

Ich habe keine Veränderungen gemerkt zu einem Waldspaziergang ohne Kinderwagen. Die Leute haben mich früher genauso behandelt wie sie mich jetzt mit Hund und Kinderwagen behandeln.

Wie regelst du den Alltag mit Kind und Hund?

Das ist ganz einfach: Henry geht morgens arbeiten … (lacht) also, er geht mit meinem Mann zur Arbeit. Die Kinder und ich bleiben zuhause oder gehen zur Spielgruppe, zur Musikschule, Turngruppe oder sonstiges. Wir regeln also unseren Alltag und Henry macht abends mit Franz Feierabend und kommt nach Hause.

Schäfchen Henry

Jakob wird bald lernen müssen, dass nicht alle Hunde so sanft sind wie sein eigener.

Von wem erhältst du als Mutter UND Hundehalterin Unterstützung?

Von meinen Eltern und Schwiegereltern, also von den Großeltern der Kinder und auch von meinen Brüdern. Als wir zur Geburt von Paula im Krankenhaus waren, blieb Jakob bei meinen Eltern und Henry bei den Schwiegereltern.

Darf Jakob in der Hundeerziehung irgendwo mitwirken?

Ich binde ihn da nicht wirklich mit ein. Das hat Jakob ganz für sich alleine entschieden. Er konnte recht schnell die Kommandos »Sitz«, »Platz« und »Geh ab«, der Hund hört eigentlich auch auf Jakob, zum Beispiel beim Bällchen spielen, das »Aus« klappt schon ganz gut!

Unser Buchtitel »Mit Kind und Köter« passt auf deinen Partner genauso gut wie auf dich, oder?

Da ja der Hund immer mit meinem Mann arbeiten geht, mein Mann eine Menge mit den Kindern macht und wir viel als Familie zusammen unternehmen, passt der Buchtitel genauso, wie er auf mich passt, auch auf meinen Mann!

Was war deine letzte persönliche Katastrophe?

Ich würde es nicht als Katastrophe bezeichnen, das ist ein ziemlich großes Wort. Aber zwei Wochen vor Paulas errechneten Geburtstermin hat Jakob sich

den Arm gebrochen. Wir mussten natürlich zur Klinik und Jakob ist dann drei Wochen mit Gips herumgelaufen. Doch bis auf das Baden, das hat er sehr vermisst, war alles okay, er konnte gut damit umgehen.

Wie verbringst du deine Freizeit?

Freizeit – was ist das? (lacht) Nein, im Ernst: Meine Familie ist mein Hobby!

Aber bewusste Entspannung wird doch mal drin sein?

Ich entspanne, wenn Jakob Mittagsschlaf macht, er ist ein guter Schläfer. Dann lege ich mich nach Möglichkeit mit Paula auf die Couch, die darf dann auf meinem Bauch schlafen. Das ist eine Zeit, die ich auch damals mit Jakob sehr genossen habe. Diese Zeit möchte ich Paula auch geben und sie mit ihr genießen. Da entspann ich, da hol ich mir dann auch wieder Kraft!

Wo liegen für dich in deinen beiden Funktionen als Mutter und Hundehalterin die schönsten Momente?

Es gibt so viele schöne Momente ... vor allem wenn wir als Familie zusammen sind. An meiner Lebenssituation gefällt mir am besten, dass wir alle glücklich sind, so wie es ist!

Dein Tipp für andere Mütter, die sich gern einen Hund anschaffen möchten?

Nur Mut! Man sollte sich gut informieren, welche Rasse in die Familie passt! Ich kann den Labrador natürlich nur empfehlen!

Tipp für Mütter

Mut und Infos!

Tanja und Iris Schmitz

Interviewpartnerinnen:
Tanja und Iris Schmitz

Lotta kam aus Malta zur Familie Schmitz. Angst beherrschte ihr Leben, sie konnte in den ersten Monaten kaum über Straßen geführt werden und auch fremde Menschen bereiteten ihr großen Stress. Tanja und Iris kamen mit ihr zu mir in TTouch Behandlung, wo Lotta schnell auftaute, offen und neugierig wurde. Im Februar war sie dann zwei Wochen bei uns, weil ihre Familie vor Einzug von Lotta eine Kreuzfahrt gebucht hat. In dieser Zeit hat Lotta noch mal einen Riesenschritt gemacht. Wir besuchen die Fremdsprachenkorrespondentin Tanja, die Diplomingenieurin Iris, ihren dreijährigen Sohn Hannes und Lotta in ihrer neuen Kölner Wohnung.

Wie fandet ihr unsere Idee, euch für unser Buch zu interviewen?

Iris: Wir haben uns gefreut und gedacht, das ist ja mal eine Chance, in einem Buch vorzukommen. Für uns ist die Konstellation ja auch sehr schön, mit Kind und Hund.

Hattet ihr als Kinder selbst Hunde in der Familie?

Iris: Schon, aber da wurde keine große Thematik draus gemacht, sondern es war ganz normal, dass Kind und Hund in der Familie sind, eben ein ganz normales Familienleben mit Hund.

Tanja: Ja, bei meiner Oma. Nach dem Kindergarten beziehungsweise der Schule war ich mit meinem Bruder immer dort.

Und wie kam es zur ersten großen Hundeliebe?

Iris: Den ersten Hund hatte meine Familie damals, als meine Oma schwer krank geworden ist. Da haben wir Dackel Tobi übernommen. Ein Hund ist für mich wie ein eigenes Kind. Man entwickelt eine ganz große Liebe und Fürsorge, man hat Angst, wenn er krank ist, letztendlich wie bei einem geliebten Menschen.

Tanja: Seit ich denken kann, hatte meine Oma Hunde. Da wir täglich bei ihr waren, wuchsen wir mit Hunden auf. Der Hund war immer dabei, ob Urlaub oder Familienfest, er gehörte einfach dazu. Mike, der letzte Hund meiner Oma, der war meine erste große Hundeliebe. Er zog mit uns Kindern beim Räuber- und Gendarmespiel um die Häuser. (lacht)

Starke Unterstützung

Mit einem Hund an der Seite hat Angst keine Chance.

Ihr habt euch ganz bewusst für das Leben als Mütter mit Hund entschieden, wieso?

Tanja: Ein Grund, warum wir uns für einen Hund entschieden haben, ist, dass Iris oft auf Dienstreisen ist. Ich hatte einfach Angst zuhause, allein mit dem Kind. Ich wollte eine starke Unterstützung an meiner Seite. Ein Hund, der uns beschützt, der bellt, falls Einbrecher kommen. Es war auch wichtig für uns, dass Hannes mit einem Tier groß wird und damit auch die Sensibilität für andere Lebewesen entwickelt, sowie einen Tierfreund an seiner Seite hat. Ach ja, und dann natürlich auch die Bewegung!

Ein Hund ist wie ein eigenes Kind?

Iris: Gemeinsam haben Hannes und Lotta, dass sie »Ussel« bauen ohne Ende und dass Situationen unkalkulierbar sind. Wenn das Kind ruhig ist, zappelt der Hund herum. Jeder Tag mit ihnen ist schön und schenkt eine neue Überraschung.

Füllt Lotta in eurer Familie eine Rolle aus?

Tanja: Ihre Rolle ist an erster Stelle der Schutz. Aber auch die Rolle Kuschelpartnerin und Familienangehörige. Ich kuschle sehr gerne mit Lotta, vor allem abends, wenn der Tag ruhig wird und alle entspannen. Das sind die Rollen, die Lotta hat und die sie auch hoffentlich gerne erfüllt.

Welche Beziehung hat euer Sohn zum Hund?

Iris: Am Anfang sah Hannes die Lotta ein bisschen als »Spielzeug«, schön am Schwanz ziehen und dergleichen. Lotta ließ das alles mit sich machen. (Verzieht das Gesicht.) Mittlerweile allerdings hat sich dies sehr ins Positive gewendet, er weiß, dass es Lotta weh tut, wenn er so was macht. Er gibt Lotta gerne Küsschen, manchmal geht er auch einfach zu ihr auf den Boden und legt sich neben sie und seinen Kopf auf ihren Bauch. Außerdem trauen sich dank Lotta auch keine Gespenster in die Wohnung, sagt er.

Und wieso ausgerechnet Lotta?

Tanja: Lotta ist der schönste und liebste Hund der Welt, sie ist einfach wunderhübsch! Es ist schön zu sehen, wie sie sich entwickelt, von Tag zu Tag mehr Spaß am Leben hat und uns dadurch auch ein Stück mehr Lebensqualität gibt.

Als wir ihr Foto das erste Mal sahen, war es eigentlich Liebe auf den ersten Blick. Wir sind nach Stuttgart gefahren, wo Lotta in einer Pflegefamilie von Animalta untergebracht war. Das erste Treffen passte dann einfach, obwohl sie für uns der ängstlichste Hund war, den wir je gesehen hatten. Es ist schön, ihr ein Zuhause mit uns dreien zu geben.

Wie regelt ihr den Alltag mit Kind und Hund?

Iris: (lacht) Das fragen wir uns auch manchmal. Wir schauen halt, dass alles sehr gut organisiert ist. Tanja macht morgens Hannes fertig, er geht in die Kita, dort, wo Tanja arbeitet. Lotta geht auch in eine Kita, beziehungsweise Huta, weil wir Lotta gegenüber die Verantwortung sehen, den Hund nicht zu lange allein zu lassen. Die Huta ist auch in der Nähe von Tanjas Arbeitsplatz, so fahren die Drei morgens zusammen los. Diese Betreuung tut Kind und Hund sehr gut, sie haben dort Spaß und (Hunde-)Freunde und abends sind sie ausgepowert. Wir versuchen, jedem gerecht zu werden, Hund und Mensch.

Erhaltet ihr Unterstützung?

Tanja: Wir unterstützen uns gegenseitig. Gibt's mal Probleme mit Lotta, unterstützt uns Iris' Mutter, die schon lange Hunde hat. Wir profitieren von ihren Erfahrungen. Aber auch in euch beiden als Trainer haben wir Unterstützung, sehr viel sogar. Speziell anfangs, als es so schwierig war mit Lotta. Wir haben zwar viel im Internet nachgelesen, Bücher gekauft – aber es zählt halt immer der Moment, man kann gar nicht so reagieren, wie es im Buch steht.

Was soll Hannes mit Hundeerziehung zu tun haben?

Tanja/Iris: Ein dreijähriges Kind kann man nicht einbinden in die Hundeerziehung. Wichtig ist nur, dass er weiß: Lotta ist kein Spielzeug, sondern man muss sie mit Respekt behandeln wie jeden Menschen. Hauptverantwortlich sind einfach wir Mütter! Aber wenn Lotta mal besonders Angst hat, hilft uns Hannes auch, denn Lotta folgt ihm draußen auf Schritt und Tritt. Und dann geht Hannes manchmal einfach mal kurz zu der Stelle, die Lotta ängstigt.

Für Lotta seid ihr beide gleichermaßen zuständig – für das Kind auch?

Iris: Klar sind wir beide für das Kind zuständig. Aber es gibt einen klaren Unterschied, Tanja ist die Mama und ich bin die Mami.
Das weiß Hannes gut zu unterscheiden. Tanja wird durch die Elternzeit von Hannes mehr als Bezugsperson angenommen, wenn er krank ist merkt man das besonders. Das finde ich aber nicht schlimm. Ich bin dafür diejenige, die besser Fußball spielt und mit ihm Mist baut. Er weiß einfach, wann er zu wem geht und wer von uns welche Vorzüge hat. Gekuschelt und geschmust wird bei beiden, morgens bei mir,

Ein Stück Lebensqualität

Von Tag zu Tag mehr Spaß am Leben.

abends bei Tanja. Wir haben beide unsere Rollen eingenommen, wie sicherlich alle Eltern in anderen Familien auch. Dadurch, dass er mit uns als Familie aufwächst und wir mit unserer Familienkonstellation offen umgehen, ist die Toleranz dafür von Außenstehenden viel größer.

Welche Probleme hält die Familienkonstellation Kind und Hund bereit?

Tanja/Iris: Richtige Probleme gibt es im Familienleben nicht. Doch sobald jemand aus der täglichen Routine aussteigt, wird's schwierig! Wenn man die tägliche Organisation nicht einhalten kann, um pünktlich in Kindergarten, Hundetagesstätte oder bei der Arbeit zu sein, wird es stressig. Das ist alles eine Koordinationssache, doch darüber waren wir uns vorher klar. Und wenn es mal haarig wird mit Hannes oder Lotta, dann kann eine von uns auch mal Reißaus nehmen und mit Lotta spazieren gehen, während die andere sich dann um Hannes kümmert.

Verbringt ihr eure Freizeit gemeinsam?

Iris: Wir sind sehr gesellige Menschen, gehen gerne über den Trödelmarkt, machen schöne Wanderungen mit Lotta am Rhein und haben abends Freunde zu Besuch. Wir achten darauf, dass sich das Leben primär bei uns abspielt, Hannes und Lotta freuen sich beide über Besuch!

Wie entspannt ihr?

Tanja: Wenn Hannes abends im Bett und Iris auf der Couch liegt, dann geh ich gerne mit Lotta alleine raus, nur ich und der Hund. Mit Lotta brauche ich nicht sprechen, das ist für mich extrem entspannend. Man versteht sich einfach so, ohne Worte.
Iris: Wenn ich ehrlich bin, genieße ich dann diese Zeit, in der ich alleine auf der Couch liege und einfach mal nichts mache.

Was bedeutet für euch »Glück«?

Tanja: Menschen an meiner Seite zu haben, die ich liebe und für die ich alles geben würde, für die ich mein Leben lassen würde. Iris, Lotta auch und an erster Stelle Hannes. Für die, die man liebt, alles tun zu wollen.

Iris: (nickt) Zu wissen: Ich komme nach Hause und da ist meine kleine Familie. Das ist Glück!

Aber Verantwortung gehört auch dazu?

Tanja: Vorbild zu sein fürs Kind, für den Hund! Eben den Weg vorzuleben, den man als besten Weg erkennt, das ist für mich Verantwortung.

Iris: Dazu gehört für mich aber auch die finanzielle Seite. Nach Möglichkeit einen guten Beruf zu haben, an dem man Spaß hat, um die Verantwortung in Form von Sicherheit auch bezahlen zu können.

Und wo ist das Beste vom Tag?

Iris: Die Tür geht auf, Hannes läuft auf mich zu und ruft »Mami, Mami« und Lotta läuft hinterher und springt mich an, das sind für mich einfach die schönsten Momente, wofür es sich lohnt, nach Hause zu kommen.

Tanja: Ich schließe mich da an, allerdings ist es bei mir schon kurz nach Feierabend soweit, da ich Hannes und Lotta ja abhole.

Was würdet ihr gern anders haben?

Tanja: Ich würde am liebsten einen 30-Stunden-Tag erschaffen, weil 24 Stunden einfach zu wenig sind!

Iris: Wenn ich nochmal zur Welt käme, würde ich alles ein wenig gelassener angehen, ein wenig das Perfektionistische weglassen, eben mehr leben und leben lassen.

Wie schaut es aus mit einem Rat für hundehaltende Mütter?

Tanja: Der Tag möglichst strukturiert zu halten und den Hund nicht als Spielersatz fürs Kind zu sehen. Sich mit beiden beschäftigen, denn man kann ein Kind und einen Hund nicht einfach in die Ecke setzen.

Iris: Ich finde, man sollte sich sowohl um ein Kind als auch um einen Hund vorher Gedanken machen, denn man trägt eine große Verantwortung. Außerdem darf der finanzielle Aspekt nicht außen vor bleiben. Kind und Hund kosten Geld, wobei die Kosten für einen Hund teilweise leider unterschätzt werden. Doch wenn man sich dessen bewusst ist, ist alles ganz einfach.

Vorbild sein

Für das Kind genauso wie für den Hund.

Vera Giesen

Interviewpartnerin: Vera Giesen

Vera lebt mit ihren Kindern Anke-Jane (21) und Jens-René (19), ihrem neun-jährigen Blindenführhund Pudel Ken und seiner Zwergpudelfreundin Nelly mitten im Ruhrgebiet. Auch nach dem frühen Tod ihres Mannes Detlef ver-liert sie nicht den Mut, die Hunde helfen ihr dabei, ihr Leben ohne Augen-licht zu meistern.

Vera, du und Ken, ihr habt eine besondere Geschichte. Wie habt ihr euch gefunden?

Mein Mann war die treibende Kraft! Ich konnte schon fast nichts mehr sehen, als wir einen Urlaub machten und ich ständig an den Bordsteinkanten ins Leere trat. Er meinte: »Es wäre doch bestimmt schön für dich, wenn du einen Hund hättest, der dir die Bordsteinkanten anzeigt?«

Nachdem wir Kontakt zu einer Blindenführhundschule hergestellt hatten, gab es noch einige Hürden wie Krankenkasse und Finanzierung. Ich wollte schon aufgeben, aber mein Mann blieb dran und bereits drei Wochen später war es soweit: Ich konnte meinen Hund aussuchen!

Nun muss ich erwähnen, ich hatte früher Angst vor Hunden, habe sogar wegen ihnen die Straßenseite gewechselt. Und nun sollte ich mir einen aussuchen! Das war ein großer Tag für mich! Ken legte sich sofort neben mich und für mich war klar: »Das ist mein Hund!« Ich hatte nur etwas Zweifel, bei Wind und Wetter raus mit einem Pudel? Doch die Bedenken zerstreuten sich, als ich hörte, dass Pudel sehr pflegeleicht sind, wenn man ihr Fell gleichmäßig kurz hält.

Es dauerte dann noch ein halbes Jahr, bis Ken hier einzog. Wir waren oft in der Führhundschule und lernten ihn dort richtig kennen. Dann kam der Trainer einige Male zu uns und zeigte mir, wie Ken mich im Geschirr führen würde. Wow, das war toll – wieder die eigene Geschwindigkeit haben, nirgendwo gegenrennen! Seitdem sind wir auf den Hund gekommen.

Weil wir so begeistert waren und die Kinder nicht alles mit Ken machen durften, was sie gerne wollten, zog noch ein Hund ein: unsere kleine Zwergpudeldame Nelly. Sie sollte genauso gut hören wie Ken – deswegen ging Anke mit ihr in eine Hundeschule und entdeckte dort ihre Vorliebe für Agility. Mittlerweile nimmt sie auch Ken mit zum Agility. Er liebt es, aber wir hatten deswegen heiße Diskussionen: Agility mit einem Führhund! Anke hat ihn zuerst heimlich mitgenommen, ich war entsetzt, als ich es erfuhr!

Ken ist mein Hund

Auf ihn kann ich mich voll verlassen.

Hast du je Ähnlichkeiten in Kinder- und Hundeerziehung entdeckt?

Gute Hundeerziehung ist wie Kindererziehung und umgekehrt. Wichtig ist Konsequenz. Ich merke sofort, wenn ich da nachlässig bin. Ich habe zwei Kinder und habe zweimal den Fehler gemacht, dass ich nicht sehr konsequent war. Ein drittes Mal – bei meinem Hund – passiert mir das nicht! Schließlich versuchen Kinder und Hunde immer wieder Lücken zu finden, die sie für sich ausnutzen können.

Was ist für dich das Beste an Ken?

Dass ich mich voll auf ihn verlassen kann, dass ich mich in seine Führung begeben kann. Er ist ein ausgeglichener, ein sehr abwartender Hund. Aber wenn er rennt, entwickelt er ein derartiges Temperament, dass ich richtig Spaß habe, ihn rennen zu hören. Wenn ich mich mal nicht gut fühle, dann kommt er, legt den Kopf auf meinen Schoß, nach dem Motto: »Ich bin doch jetzt da.« Das ist schon traumhaft. Er hat mir bereits viele Stunden erleichtert, indem er einfach nur da war und auf alles reagierte. Nur wenn er sprechen könnte, wäre es noch schöner.

Wie hat dein Umfeld auf Ken reagiert?

Meine Eltern waren anfangs sehr skeptisch, weil die ja wussten, dass ich Angst vor Hunden hatte. Das hat sich aber total gelegt. Es gab viele Menschen, die mich unterstützt haben, denn wenn ich raus will, dann geht das nur mit Hund. Ich kann

mich nicht immer darauf verlassen, dass meine Kinder da sind. Die Akzeptanz anderer Menschen gegenüber mir als Blinder mit Führhund ist toll. Ich habe durch den Hund mehr Kontakt bekommen als früher mit den kleinen Kindern. Nachdem ich erblindet war, waren meine Außenkontakte sehr eingeschränkt. Seit Ken mein Leben teilt, ist es wieder einfacher.

Wie konntest du denn deinen Alltag regeln mit den Kindern und den Hunden, als die Kinder noch kleiner waren?

Anfangs war das ein ganz großes Problem. Anke-Jane hat immer gesagt: »Immer nur der Hund, der Hund geht dir vor!« Das stimmte auch! Es war neu für mich, es war schön wieder unterwegs sein zu können, da mussten die Kinder erst mal einiges zurückstecken. Doch nach einiger Zeit haben wir uns dann ganz gut arrangiert. Ich musste halt schauen, wann die Kinder dran sind und wann der Hund. Als Nelly kam, entwickelte sich die Beziehung zwischen Anke und mir sehr schön, wir teilen unsere Interessen, machen viel gemeinsam mit den Hunden. Wir sind auch öfter mal unterwegs zu Hundeseminaren mit den beiden, das ist toll und schon was ganz Besonderes.

Nelly ist also Ankes Hund – mit allen Konsequenzen?

Generell ist für Nelly nur Anke-Jane verantwortlich. Da beschwere ich mich höchstens, wenn was nicht läuft. Bei Ken mussten beide Kinder sehr darauf achten, dass er bestimmte Dinge auch dann machte, wenn sie allein mit ihm unterwegs waren.

Zum Beispiel an jeder Bordsteinkante anhalten, auch im Freilauf, von anderen Menschen kein Futter annehmen und nie an Menschen hochspringen.

Wo ich meine Kinder ganz stark einbinde, ist die Gesundheitserziehung. Wenn die Hunde Zecken haben, schreie ich nach Anke. Oder wenn die Hunde mal Tabletten brauchen. Ich bin dann immer froh, wenn die Kinder sehen, ob der Hund sie auch geschluckt hat. Ich nehme beide Kinder voll in die Verantwortung. Da können sie sich nicht entziehen.

Würdest du heute etwas anders machen?

Ich würde Ken mehr Freiraum geben, ihn mit den Kindern spielen lassen und auch Agility erlauben. Natürlich vorausgesetzt, dass es seine Arbeit nicht stört und ich es beim Führen nicht merke. Die meisten Blindenführhunde können es sehr gut trennen, wenn sie im Geschirr sind oder Freigang haben. Ich habe bis jetzt überhaupt keinen Nachteil in der Führarbeit entdeckt, obwohl er Agility macht.

Du hast mit Kind und Hund auch schon mal eine sehr schwere Zeit durchgemacht …

Ja, mein Mann war fünf Jahre schwer krebskrank. Er quälte sich sich von einer Chemo, hat sich immer wieder hoch gerappelt, nie den Mut verloren, bis dann der Zeitpunkt kam, wo wir merkten, er will nicht mehr, er kann nicht mehr! Sein Tod war natürlich schlimm für uns alle! Mir fehlte morgens oft der Elan, überhaupt aufzustehen. Doch Liegenbleiben ging ja nicht, denn Ken musste raus. Wenn ich mich einmal aufgeschwungen hatte, ging es ein bisschen besser. Ken hat mir geholfen, nicht in Depressionen zu verfallen. Ich war froh, dass ich die Kinder und die Hunde hatte, ich habe mich immer wieder daran hochziehen können, dass ich gebraucht werde,

Freiräume bieten

Auch ein Blindenführhund braucht mal Freizeit.

musste schauen, dass ich mich aufrecht halte und alles hier hinbekomme. Wenn die Kinder in die Schule gingen, waren die Hunde da. Ich habe meinen ganzen Mut zusammen genommen, damit aus den Kindern etwas werden kann. Ich glaube, es ist uns auch ganz gut gelungen.

Glück ohne Hunde?

Heute nicht mehr vorstellbar.

Hat diese Zeit deine Einstellung zum »Glück« verändert?

Ich habe gelernt, mit Kleinigkeiten glücklich zu sein. Ich bin glücklich, wenn es meinen Kindern gut geht, wenn sie gut drauf sind oder wenn ich mal irgendwas für sie tun kann, was selten ist, weil sie ja immer so viel für mich machen! Wenn die Hunde zufrieden und glücklich sind und durch die Gegend toben, das macht mich glücklich. Ich könnte mir heute nicht mehr vorstellen, ohne Hunde glücklich zu sein.

Welchen Tipp möchtest du anderen Müttern mit Hund geben?

Ich denke, ein Hund ist gut, wenn man Zeit dafür hat und die Kinder nicht allzu klein sind. Manches ist für kleine Kinder schwer zu verstehen. Wir haben ab und zu unsere Großnichte Leonie da, sie ist vier. Auch wenn ich für Ken die Hand ins Feuer legen würde, würde ich sie mit dem Hund nie alleine lassen. Das Verhalten kleiner Kinder stimmt leider nicht mit Hundeverhalten überein. Als Leonie noch krabbelte, war das für Ken sehr seltsam, aber er ist dann einer, der steht auf und verlässt den Raum. Doch das macht nicht jeder Hund. Kinder müssen lernen, dass Hunde ihre Ruhephasen brauchen.

Bei allen Hunden, auch bei kleinen, finde ich es wichtig, dass sie erzogen sind, eine Hundeschule schadet nie. Da sollten Kinder auch sofort mit einbezogen werden und damit aufwachsen, wie man Hunde richtig behandelt.

Kinder und Hunde gehören zusammen

So könnten wir vielleicht kurz und knapp umreißen, was wir mit diesem Buch sagen wollen. Die vielen Vorteile, die Kinder aus dem täglichen Umgang mit einem Vierbeiner an ihrer Seite ziehen, haben wir deutlich dargelegt. Wir hoffen, dass wir auch die Schwierigkeiten und möglichen Probleme ausreichend angesprochen haben, mit denen Sie sich auseinandersetzen sollten, wenn Sie den Hundewunsch Ihrer Kinder erfüllen möchten.

Natürlich gibt es viel zu beachten und zu bedenken, wenn Sie ein vierbeiniges Familienmitglied aufnehmen wollen. Sie stehen als die »vernünftigen Erwachsenen« in der Pflicht, im Vorfeld alle Konsequenzen zu bedenken, die der Schritt zur hundehaltenden Familie mit sich führen wird.

In unseren Hundeschulen erleben wir leider auch Beispiele, bei denen wir uns unwohl fühlen: Überforderte Mütter, angstbesetzter Umgang mit dem Tier bei den Kindern, unausgelastete Hunde, deren Erziehung bzw. Verhaltenskorrektur sich schwierig gestaltet. Solche Klienten liegen uns besonders am Herzen, denn meist sind wir – die TrainerInnen – die letzte Chance auf ein harmonisches Miteinander in dieser Familie. Doch manchmal können auch wir nicht helfen.

Wenn die Zeit für intensives Training fehlt, konsequenter Umgang und Einhaltung des Trainingsp ans nicht umgesetzt wird, bleibt am Ende meist nur noch ein Weg: die Trennung vom Hund. Welchen Kummer dieser Abschied mit sich bringt kann sich jeder vorstellen, der einmal gesehen hat, wie ein Kind mit dem eigenen Hund spielt oder schmust.

Um solchen Fällen vorzubeugen, haben wir dieses Buch geschrieben.

Wir haben unser Wissen zur Hundeausbildung, -erziehung und -verhaltenstherapie einfließen lassen. Aus den vorliegenden Seiten spricht unsere Erfahrung aus mehr als zehn Jahren intensiver Arbeit.

Gerade deswegen können wir so sicher behaupten, dass für die meisten hundebegeisterten Familien ein Vierbeiner eine wahre Bereicherung ist.

Und letztendlich sind Ratgeber und Fachbücher hilfreich und anregend, doch können sie eines nicht ersetzen: Ihr ganz persönliches Bauchgefühl!

So wie Sie Ihre Kinder mit liebevoller Konsequenz zu erwachsenen Menschen erziehen, sollten Sie auch das aufregende Abenteuer »Hund« angehen.

Hierbei wünschen wir Ihnen jederzeit genügend Durchsetzungsfähigkeit, Geduld und Gelassenheit. Und natürlich: jede Menge Freude an »Kind und Köter«!

Autorinnen & Autor

Mirjam Müntefering wurde am 29. Januar 1969 in Arnsberg geboren.

Auf die Frage hin, was sie später mal werden wolle, verkündete sie als Kind stets: »Ich will ein Buch schreiben und Tiger im Zirkus dressieren.«

Schon früh machte sie sich an die Vorbereitungen zu dieser Berufswahl.

Das Erfinden und Schreiben von Geschichten gehörte zu ihrem Leben, seit sie Schreiben lernte. Und bevor sie sich an die Tiger wagen wollte, sollte auf alle Fälle ein Hund her. Doch den verwehrten ihre Eltern ihr bis zu ihrem zwölften Lebensjahr. Ihr erster Hund »Ronni«, ein Beaglemischling aus dem Tierheim, war dann ihr größtes Glück – doch aus heutiger Sicht auch leider ein Hund, der nicht erzogen, nicht ausgelastet und oft sozial isoliert wurde. Im späten Teenageralter dann begann Mirjam, sich damit zu beschäftigen, wie Hunde auf hundgerechte und sanfte Art und Weise zu erziehen sind. Erstes Versuchsobjekt war ihre erste Cockerspanielhündin »Jule«. Parallel zum immer weiter in Seminaren und verschiedenen Hundeschulen vertieften Wissen studierte Mirjam Filmwissenschaften und Germanistik und schloss an das Examen eine Ausbildung beim Fernsehen an. Als studierte und volontierte Fernsehredakteurin wurde sie jedoch nicht glücklich. Ihre Medienkritik kam bei den Auftraggebern nicht gut an. Als im Jahr 2000 nach einem furchtbaren Beißvorfall mit Todesfolgen die Medien erheblich zur einsetzenden Hundehetze beitrugen, beschloss Mirjam, dem Fernsehen den Rücken zu kehren. Statt weiterhin dort zu arbeiten, gründete sie ihre eigene Hundeschule HUNDherum fit! in Hattingen an der Ruhr. Das Schreiben hatte sie bereits ihr ganzes Leben begleitet, so dass sie sich heute selbst als »Schriftstellerin (momentan 20 veröffentlichte Romane und 2 Hundesachbücher) und Hundetrainerin« bezeichnet – zwei Berufe, die sie mit Leidenschaft betreibt.

Vom Ministerium geprüft, darf sie auffällig gewordene Hunde und deren Menschen schulen und auf kontrollierten Umgang im Alltag prüfen. In ihrer Hundeschule

---

HUNDherum fit!
Hundeerziehung im Ruhrgebiet
Seit 2000 bietet HUNDherum fit! den HundehalterInnen Erziehungskurse, Einzeltraining und Auslastungsmodelle.

In unserem Programm finden Sie:
Ziel-Objekt-Suche
Spürhundearbeit für Familienhunde und Wettkampfhunde
Erziehungs-Kurse
Für ein harmonisches Miteinander
Einzelunterricht
Für Problemfälle
Infoabende und Vorträge
Denn meist muss der Mensch lernen, bevor der Hund lernen kann
Seminare
Konzentrierte Arbeit in kleinen Gruppen

HUNDherum fit!
Übungsplatz
Isenbergstraße 36
45529 Hattingen
Trainings-Halle
Bahnhofstraße 58
45525 Hattingen
Büro
Buchholzer Str. 50
45527 Hattingen
Tel.: 02324-683028
E-Mail: hundherum-fit@aol.com

www.hundekurse.de

HUNDherum fit! beschäftigt sie mittlerweile sechs angestellte Trainerinnen. Mirjam hat sich als »geprüfte ZOS-Lizenztrainerin« auf die Ziel-Objekt-Suche spezialisiert. Diese Spürhundearbeit eignet sich bestens als Auslastung für Familienhunde und kann auch problemlos von Kindern mit dem eigenen Hund erlernt werden.

Die Liebe zum Cockerspaniel hat Bestand. Momentan begleiten sie die beiden Cockermädels »Maggie« und »Hope« zur Arbeit.

Rita Huber wurde am 8. Juni 1961 in Erkelenz geboren. Im Alter von sieben Jahren wünschte sie sich nichts sehnlicher als einen eigenen Hund. Ihr Vater erfüllte ihr diesen innigsten Wunsch. »Kitty«, eine fünf Monate junge Boxerhündin aus »zweiter Hand«, zog ein und mit ihr der Anspruch, aus diesem Temperamentsbündel einen gut erzogenen Hund zu formen. Das brachte Rita auf den Weg. Ihr Vater fand seine Erfüllung im Hundesport, und Rita begleitete ihn bei Wind und Wetter zu jedem Training. Mit der Zeit kamen in der Familie weitere Hunde hinzu. Hier konnte Rita also schon früh ihre Trainerfähigkeiten entwickeln.

Jedoch störte sie einiges an den damaligen Ausbildungsmethoden, und schon früh übte sie sich in sanfteren, einfühlsameren Methoden.

Ritas erster Ausbildungsweg führte sie in die Pharmazie. Schnell wurde ihr klar, dass es noch etwas anderes für sie geben musste, um ihre »Berufung« zu finden. Ein von der Schulmedizin aufgegebener Riesenschnauzer, »Pascha«, den jedoch eine Tierheilpraktikerin retten konnte, inspirierte sie und so absolvierte sie ein Tierheilpraktiker-Studium. Ein einjähriges Praktikum in einer Tierarztpraxis schloss sich an und Rita begann, mit Tieren in ihrem Umfeld zu arbeiten.

Im Hundesportverein übernahm Rita den Aufbau der Welpenschule, die damals in Deutschland noch in den Kinderschuhen steckte. Mit den ihr anvertrauten jungen Hunden wuchsen auch Ritas Aufgaben. Sie bildete sich permanent weiter. Mehr und mehr wurde auch die Arbeit mit schwierigen Hunden und die damit verbundene Verhaltenstherapie ihr Thema.

1996 gründete sie ihre eigene Hundeschule in Erkelenz, lernte noch im gleichen Jahr die Tellington TTouch Methode kennen, nahm an vielen Fortbildungs-Seminaren teil und absolvierte die dreijährige Ausbildung zum Tellington TTouch Practitioner.

2002–2003, angestellt als Leiterin eines Tierheims, erweiterte Rita ihr Wissen im Umgang mit schwierigen Hunden und anderen Tieren.

Im Dezember 2003 verlegte sie ihren Wohnort und die Hundeschule »doglove« nach Viersen. Hier lernte sie ihren heutigen Partner und Lebensgefährten Hubertus Busch kennen, der sie tatkräftig unterstützt.

doglove-Zentrum
Veranstaltungs- und
Servicezentrum für
Hund und Halter

15 Jahre Hundeschul-Erfahrung ließen aus der doglove Hundeschule ein Verhaltenszentrum für Hund und Halter entstehen.

Wir bieten unseren Kunden:
Erziehungs-Kurse, für Welpen und erwachsene Hunde Beschäftigungs-Kurse, Tricks, dogdance, longieren, apportieren, suchen Einzeltraining in der Verhaltenstherapie, Behindertenbegleithundeausbildung, Therapiehundeinsätze, Hundetrainer-Ausbildung mit hohem Praxisanteil

Außerdem bieten wir unseren Kunden:
Tellington TTouch Seminare und mehr, in Viersen und überall dort, wo man uns bucht.

doglove-Hundeschulen
finden Sie in:
- Viersen
- Witten
- Lingen
- Erkelenz
- Oberschwaben

doglove-Zentrum
Neuwerker Str. 260
D-41748 Viersen
Tel.: 02162-2683957
Fax: 02162-354089
E-Mail:
info@doglove.de

www.doglove.de
www.doglove-
hundetrainer.de

Ritas Anliegen ist es, die Kommunikation zwischen Mensch und Tier zu fördern, um den Weg für ein harmonisches Miteinander aufzuzeigen. Ihre Hunde »Leon«, ein Golden Retriever, »Maxi«, eine Kleinpudeldame, sowie »Linda«, ein Harlekin-Königspudelwelpe, begleiten Rita Huber bei ihrer täglichen Arbeit.

Hubertus Busch der gebürtige Rheinländer wurde am 7. Juni 1961 in Viersen geboren. Er machte seine Ausbildung bei Linda Tellington Jones, ist TTouch Practitioner P2 und Hundetrainer. Gemeinsam mit seiner Partnerin Rita Huber leitet er das doglove-Zentrum. Hier werden nicht nur Hund und Menschen ausgebildet, sondern auch angehende Hundetrainer nach einem eigens entwickelten (multiplex) Ausbildungssystem.

Schon seit seiner Kindheit hatte Hubertus viel Kontakt zu Tieren und lernte mit ihnen so umzugehen, wie es damals üblich war. Einen eigenen Hund zu halten war sein Jugendtraum, der sich bald erfüllte. Später hatte er auch beruflich immer öfter mit Vierbeinern zu tun: Als junger Fotograf bereiste er Frankreich, Belgien, Deutschland und fotografierte zu vielen Jagdanlässen seine geliebten Meutehunde.

Geprägt durch den Vater, der seit jeher Hunde und Pferde züchtete, trat er schon bald in seine Fußstapfen. Jagdbücher waren unter anderem seine Lehrmeister, aber auch die Beobachtung verschiedener Ausbilder auf Hundeplätzen. Bald jedoch begann auch er, an den überlieferten Methoden der Hundeausbildung zu zweifeln. Die meisten Ausbilder arbeiteten damals mechanisch, ohne die Bedürfnisse des Hundes zu berücksichtigen. Die Arbeit mit Hunden verschiedenster Rassen in Erziehungskursen überzeugte Hubertus, dass artgerechte Hundehaltung nur auf der Basis wissenschaftlicher Erkenntnisse möglich ist. Auch, dass man die Verantwortung für das Leben eines Hundes nicht einfach »aus dem Bauch heraus« übernehmen sollte.

Auf diesem Weg lernte er nicht nur Linda Tellington Jones kennen, sondern auch seine Partnerin, Rita Huber.

Heute unterrichtet er erfolgreich die Tellington TTouch-Methode und gibt unter anderem Seminare für Blinde mit ihren Führhunden. Aus- und Fortbildungen im kynologischen Bereich runden sein umfangreiches Fachwissen ab. Neben seinen multiplex Traineraufgaben bereitet der ausgebildete Fotograf und Geschäftsmann den kompletten werblichen Auftritt des doglove-Zentrums vor und betreut diesen. Er unterstützt mit seiner Arbeit das Projekt von Inge Bassi, einer Tierschützerin die sich in der Eifel liebevoll um (Meute)-Laufhunde kümmert und ihnen nach vielen negativen Erlebnissen ein würdiges Heim bietet.

Sein jetziger Hund »Lisa«, ein schwedischer Hamiltonstövare, gehört zu den wenigen dieser Rasse in Deutschland und ist seine »beste Lehrmeisterin«.